不焦虑 学冥想
学会情绪平衡的方法

阳知行 编著

中国华侨出版社

图书在版编目（CIP）数据

不焦虑学冥想：学会情绪平衡的方法／阳知行编著.
—北京：中国华侨出版社，2016.10
ISBN 978-7-5113-6385-5

Ⅰ.①不… Ⅱ.①阳… Ⅲ.①情绪—自我控制—通俗读物
Ⅳ.①B842.6-49

中国版本图书馆CIP数据核字（2016）第245206号

不焦虑学冥想：学会情绪平衡的方法

| 编　　著／阳知行
| 策划编辑／邓学之
| 责任编辑／文　喆
| 责任校对／王京燕
| 封面设计／柴杜靖
| 经　　销／新华书店
| 开　　本／710毫米×1000毫米　1/16　印张／14　字数／172千字
| 印　　刷／北京中印联印务有限公司
| 版　　次／2017年1月第1版　2017年1月第1次印刷
| 书　　号／ISBN 978-7-5113-6385-5
| 定　　价／35.00元

中国华侨出版社　北京市朝阳区静安里26号通成达大厦3层　邮编：100028
法律顾问：陈鹰律师事务所
编辑部：（010）64443056　64443979
发行部：（010）64443051　传真：（010）64439708
网　　址：www.oveaschin.com
E-mail：oveaschin@sina.com

序
情绪平衡是一种重要的本领

很多有才华的大学生毕业走上社会之后却默默无闻，并未如同在学校那样表现引人注目。是什么埋没了他们的才华呢？是对情绪的平衡和掌控力。

一个人能否取得巨大成就，有一个极为重要的因素就是他能否保持镇定、集中精神，让大脑时刻处于井然有序状态，即便是面临再大危机也是如此。从小的角度来说，这种状态可以让他最大限度地发挥才干，帮助其解决面对的任何困难和问题；从大的方面上来讲，这状态可以让他找到属于自己的人生轨迹，并在此其中创造奇迹。因此，情绪平衡是一种重要的本领。

我们的人生都不是一帆风顺的，焦虑、挫折、烦恼总会不期而遇，但幸运的是，我们可以采用有效方法对情绪进行自我平衡和控制。当负面情绪将我们整个人占据时，我们可以通过情绪平衡法，不让自己长时间停留在不悦的环境中，不任凭负面情绪摆布，对自我情绪进行调控，并迅速地走向积极和光明的道路。正因为如此，焦虑、挫折、烦恼都不可怕，任何外界的不幸都无法将我们击垮，它们只是我们生活中起调剂作用的小插曲。

到底什么情绪平衡法具有如此神奇的效果呢？冥想法——最有效的情绪平衡法。

冥想法，是让人在不受任何外来因素干扰的、放松的状态中，让压力、烦恼、焦虑、痛苦等负面情绪与"自我"隔离，启发人们走出心灵困境的情绪平衡法。

美国著名心理学家罗伊·马丁纳指出，我们要为创造内在的祥和负责，没有人能为我们达成这个目的。在生命中，塑造出内在的祥和与和谐的唯一方法，就是让我们更接近自己的心灵。只要我们客观认识了自己的焦虑，找到自身不良情绪产生的心理根源或原因，分析它并理性地接纳它，然后通过冥想调节，就可以通过心灵的力量来有效控制情绪——及时祛除不良情绪，引导我们走出心灵困境，净化我们的灵魂，让我们的情绪向积极的一面靠近。

事实上，冥想法简单易学，不受场地限制，不分性别年龄都可以学习。我们只需每天花费短短 15 或 20 分钟，持续练习这种情绪平衡技巧，就能不知不觉形成情绪调控能力，让我们的人生发生可喜的改变，让我们的生活变得更轻松更平衡并开始吸引不同类型的人和新的机会，让我们源源不断地得到超乎预期的回报或者意外惊喜。

要过得快乐，远离压力、烦恼、焦虑、痛苦等负面情绪，请学会冥想这种情绪平衡技巧，实现对自己情绪的平衡和掌控吧！

目录 Contents

第一章　我们的焦虑从何而来，源头在哪里

焦虑是人类与生俱来的一部分 / 002

你的不安，往往源于内心的欲望 / 006

别因小事将生活扣上死结 / 008

学会放下，别为浮名虚利所累 / 011

太看重"得失"，结果只会更糟糕 / 014

对现实的焦虑，多数都是"比较"出来的 / 016

"苛求"太多，你当然就会烦躁不安 / 019

很多所谓的"忧虑"都是自找的 / 021

请慢一点，等一等灵魂 / 024

别急躁，有耐心人才能享受到生活的美好 / 027

第二章　内心足够强大了，就没什么焦虑的

焦虑往往源于自身的无能 / 032

与其让焦虑折磨自己，不如变压力为动力 / 035

内心强大的人，与万物都能和谐相处 / 037

永远别把快乐的钥匙交给旁人 / 040

世上没有任何事是值得担忧的 / 042

你所忧虑的事，其实来自想象而并非现实 / 044

事情本身无关好坏，纠结的是人心 / 046

专注当下是摆脱纠结最好的办法 / 049

世上无事能伤到你，除非你自己愿意 / 051

当下所纠结的事，明天或许一文不值 / 053

体察自己的情绪，养成自制的习惯 / 055

第三章 换一种心态，焦虑便会云开雾散

换位思考一下，你的心情就会不一样／058

为了没有鞋而哭泣时，你不妨看看那些没有脚的人／061

别太苛求，不完美才是常态的美／063

凡事爱较真，就是在跟自己较劲儿／066

踏踏实实地活好"有把握的今天"／069

营造个好心情，让自己学会"假装"快乐／071

将挫折当成"咖啡"，喝了它能助你清醒／073

缘分尽了，放手就是最好的成全／076

抓住快乐的现在，与昨天的不幸"决裂"／079

第四章　行动起来，为你的焦虑切换一条"跑道"

人的情绪问题，多源于心灵空虚 / 084

大胆地将你的"焦虑"说出来 / 086

学习是对付无助的最佳"克星" / 088

借助运动来驱散内心的郁闷 / 090

心情不爽时，你不妨大声"喊" / 092

焦虑时，不妨先"自我安慰"一下 / 095

用眼泪来冲刷你心中的不快 / 097

森田疗法是扫除焦虑的妙招 / 100

多听笑话，笑声会悄然驱走所有的焦虑 / 103

用"音乐"来滋润我们的心灵 / 105

瑜伽是神奇的减压秘方 / 109

为身心"排毒"，做 SPA 是时尚疗法 / 111

第五章　祛除焦虑，学会冥想就能平衡情绪

冥想是有效平衡情绪的行为疗法 / 116

初学者必须了解的冥想常识 / 119

缓解个人压力，冥想极为简单有效 / 122

化解焦虑，从专注呼吸开始 / 125

净化心灵，用冥想驱散烦恼 / 128

平静内心，冥想是不二选择 / 131

让人瞬间进入深度睡眠的冥想法 / 133

用冥想祛除头脑中消极的意念 / 135

放松身心，简单冥想做起来 / 137

第六章　随时随地冥想，所有焦虑一扫而光

举手投足皆冥想，超简单实用的冥想法 / 144

静默冥想能"修复"我们疲惫的心灵 / 146

意义冥想帮我们重新找回生活的激情 / 149

提升专注力也能平衡情绪 / 154

瑜伽冥想深度滋养身心 / 156

愿景冥想激发生命的正能量 / 159

想象冥想将积极能量吸引到身边来 / 161

烛光冥想能祛除杂念放空心灵 / 164

静坐冥想梳理思绪和谐身心 / 166

正念冥想能激活肌体中蕴藏的"正能量" / 169

第七章　学会冥想，做自我情绪的主人

切断"自我"与"烦恼"之间的关系 / 174

在片刻冥想中了解自己的心灵空间 / 176

用行动冥想法释放压抑的心灵 / 178

自卑时，用想象冥想法重建自信 / 181

用暗示冥想法来调控你的情绪 / 184

自我催眠冥想法让我们远离负面情绪 / 186

愉悦冥想使人有被"快乐"包围的感觉 / 189

第八章　利用冥想，做平衡情绪的高手

冥想就是管住负面情绪的"阀门"／194

为心灵"排毒"，只需随时静下来冥想／196

仁爱回归冥想，让爱与善重新浸入心灵／198

定力冥想能安抚你烦躁不安的心绪／200

你正心冥想，就可以体验内心强大的感觉／202

步行冥想让你迈出的每一步都成为愉快体验／204

园艺冥想是在"拈花惹草"中抚慰心灵／206

让旅行变成一次绝妙的"动态冥想"／208

第一章
我们的焦虑从何而来,源头在哪里

工作压力、生活琐事、内心欲望、对未知现实的恐慌以及各种不切实际的幻想等,都是我们产生焦虑的根源。我们只有根据自我焦虑的症状,理性地认识它,挖掘出其产生的心理根源,才能对"症"下药,找出平衡情绪的良方。

焦虑是人类与生俱来的一部分

在当今这个高速发展的时代里，生活的烦恼、工作的繁重以及考试的压力等，无不冲击着我们脆弱的心灵。与其他坏情绪一样，焦虑也时不时地向我们袭来，折磨我们的内心，冲击我们的快乐，折损我们的幸福，甚至还会给我们的生活带来灾难。

我们总在为考试或工作忧心忡忡，总在担心自己职位不稳，担心孩子的教育，担心老无所依，担心不可预知的未来，担心天灾人祸……这些焦虑似乎总有理由，又似乎总没有来由，让我们在某个时间段内无所适从。

焦虑究竟从何而来呢？我们如何才能从根本上避免或消除焦虑，过上快乐的生活呢？这是困扰每个人的问题。

美国著名心理学家罗伯特.L.莱希博士指出：要认识焦虑，首先我们要明白一点，它是我们人类与生俱来的一部分，也是人类众多种情绪之一。有史以来，我们的先辈们就生活在充满各种危险的世界中——天敌、饥荒、有毒植物、敌对的邻国、高寒之地、疾病、水灾始终困扰着他们。在应对这些危险过程中，人类的心理逐步得到进化，人类逐渐拥有了躲避和应对这些危险的能力。人类恐惧情绪的产生，其实就是一种对自我保护的反射。要祛除焦虑，首先我们要理性地看待现实世界，不杞人忧天，不过分地为不可预知的未来而担忧。

如果说恐惧是你知道自己害怕什么，那么焦虑就是你不知道自己害怕什么。在某种意义上讲，焦虑是一种很深的恐惧。这种莫名的焦躁不安的状态，如果长期无法得到改变，那么就会给人带来许多负面影响，危及到人的心理健康、身体健康，甚至危害到身边其他人。

威廉从小就非常优秀，考试门门功课都是A。他顺利地考上一所一流大学，毕业后出国留学了几年，后进入一家全球著名的大企业工作，深受上司器重。

威廉的业务能力很强，业绩很好。公司内部用了一两年搞不定的项目，经他手之后，不到三个月就出色完成。更难能可贵的是，他丝毫不狂妄自大，为人非常谦虚。同事们都很认可他，与他相处得很好。不仅如此，在家里，他也是个好儿子、好丈夫、好父亲，深受家人信赖。

不过，威廉却没人们所想象的那样好——他也不可免俗地陷入了焦虑之中。

有段时间，因为工作上的原因，威廉的情绪不太好。公司接到一个大项目，威廉成为主要负责人。项目催得很紧，需要在规定时间里完成。于是，在几个月时间内，他都将自己的大部分时间耗在办公室里，没有星期天，熬夜加班是家常便饭。他感到压力很大，但从不注意去发泄、调节，更多的是回到家里对妻子发牢骚，甚至还发脾气，数落妻子将饭菜做得不合胃口等。平时不怎么抽烟的他，烟瘾一下子变大起来。

尤其是最近，威廉内心总感到莫名心慌、头痛，动不动就对项目小组中的成员训斥一番。有一次，他还与人动了手。这导致小组成员怨声载道，有几个人甚至辞职走人。为此，上司撤了威廉的职。威廉心中更烦闷，对前途失去了信心，没有一点进取动力，人也憔悴了不少。

如今的人总会被莫名的焦虑所困扰，总会莫名地感到不安。这些不安往往不是来自于眼前，而是源于对未来的担忧——为还未发生的事而发愁、焦虑，在为自己将来会走向何方而焦虑重重。

社会竞争压力大，我们产生焦虑是不可避免的。处在焦虑状态中的人，如果没有及时疏导焦虑情绪，那么遇到某个"引爆点"时，其负面情绪便会不可控制地爆发，最终给自己以及他人造成危害。如果懂得缓解焦虑，及时疏导负面情绪，那么焦虑就会很快消失，其生活也会很快回到原本平静的状态。

生活中99%的人都会为了这样或那样的事情而焦虑，但并非每个人都让焦虑较长时间存在，并为之坐卧不安。因为，很多人能够理性地认识焦虑，并针对具体情况采用相应办法消除焦虑。

心理学家将人分为理智人、原始人和纯真人。焦虑情绪的本质就是理智人和原始人发生了冲突后产生的心理反应。比如，在工作中，我们很渴望成功，但不顺利的现实将我们那种渴望压制住了，这时，我们就可能会变得焦虑不安。因此，从某种意义上讲，焦虑是在提醒我们现实生活出现了问题，需要做出一定改变，才能让生活回归平常。

如何才能理性地认识焦虑呢？弗洛伊德在《抑制、症状与焦虑》中将焦虑分为三种：

1. 现实焦虑，指人类对现实世界中危险因素的恐惧。当我们担心外部世界会发生一些危险时，大脑就会发出信号提醒我们，这个信号就是现实焦虑。比如，在悬崖边上行走时，我们会害怕滑落下去；一个人在家待着时，我们会怕被盗窃；在陌生城市时，我们会没有安全感；在考试前，我们会焦躁不安；向爱人表白前，我们会焦虑不安；与陌生人见面前，我们会有种种担忧；面试前，我们会担心考不好等，这些都属于现实焦虑。

2. 道德焦虑，指一个人在做错事或者自认为做错事时，其内心就会产生内疚、羞愧以及自卑感。这种焦虑是对来自自身良心惩罚的恐惧。比如，我们会因为在上司面前说错话而忧虑不止；我们会对自己曾经做过的错事而羞愧难当；我们会对自己内心一些不道德的想法而焦躁不已等，这些都属于道德焦虑。

3. 神经焦虑，是现实焦虑的升级版，但它藏得很深，我们难以意识得到。对爱情、财富、成功、权力等，每个人都有强烈的拥有欲望。当这些欲望被现实残酷打击时，我们就很容易感到精神崩溃，此时，大脑所发出的信号就是神经焦虑。

在生活中，我们会莫名感到焦虑，却找不到焦虑源头，甚至根本不知道自己在焦虑什么。此时，我们理性地认识焦虑，就可以根据自身状况分析出焦虑所产生的原因，客观地看待自己面临的一切问题，采用理性思维去分析事情本身可能出现的结果，然后放开自我，放松自我，学着改变、调适心态，舒缓和消除焦虑。

你的不安，往往源于内心的欲望

焦虑是人类与生俱来的一部分，99%的人都会为了这样或那样的事情而焦虑，那么我们的焦虑究竟是怎样产生的呢？产生焦虑的原因很多。焦虑是由自己的欲望所带来的，是最为普遍的一个原因。

我们要想过不焦虑的生活，要想消除内心的焦虑，就需要静下心来仔细想想：我们的焦虑是不是由自己的欲望带来的。如果是，我们该如何去消除焦虑。

杰瑞是一位年轻律师。他在纽约一家相当有名望的律师事务所上班，是其合伙人之一。在他的高级公寓里，纽约中央公园的美景一览无遗。他用全款买了一部全新宝马还没两年，又贷款购买了一套纽约市中心的高级住宅。

为了准时支付高额的银行贷款，杰瑞不得不对工作付出极大努力——每星期至少工作60个小时，这令他每天都处于焦虑状态中。

杰瑞每天早上挣扎着起床，拖着疲惫的身体赶到办公室，开始一天的工作。他感觉自己没有什么未来——参加与客户和同事的会议、法律报告与合约事项占据了他的每一天，连思考个人生活的一点点时间都没有。

有朋友问他："你心目中最理想的工作是什么？"

他说："在画廊工作。"

朋友又问他："在现实世界里，你无法找到画廊的工作吗？"

他回答:"不是的。我如果在画廊中工作,收入就会少很多,就根本无法享受到律师工作带给我的一切——豪房、豪车等,生活水平也会直线下降。我对律师的工作很反感,但我没有其他的选择。"

于是,杰瑞每天不得不从事自己反感的工作,还担心失去这种工作。

杰端对生活感到不安,是因为他内心的欲望。为了享受豪宅、豪车,他不得不被一个不喜欢的高收入工作所捆绑。他这种情况并不少见,无论在国内,还是国外,仅仅一部分人对他们的现状感到满意,其他人都或多或少地处在焦虑状态中。我们发现,这些有焦虑情绪的人之所以不开心,并不是因为他们别无选择,而是因为他们的决定让自己很不开心——将物质与财富放在快乐和意义之上。

事实上,在现实社会中,人的焦虑大多是因对外在欲望的追逐而产生的。每个人可能都有这样的体验:在童年时期,因为无所欲求,我们倍感轻松和快乐;成年以后,因为内心的欲望太多,我们想拥有钱财、美色、饮食,想拥有权力、名望——凡是触及我们生活的东西,都想拥有,而一旦那些欲望无法得到满足时,内心就会变得异常沉重,心中就充满了焦虑的情绪、无尽的烦恼和痛苦。因为内心的欲望操控着我们,让我们在成长过程中不断地捡到自认为好的东西,导致心中承受的东西越来越多。

在这种情况下,我们只有及时消减内心的欲望,降低内心的奢求,才能缓解和消除焦虑情绪,让内心变得轻松快乐起来。

对此,我们可以尝试以下方法:

1. 从内心下手,将欲望和对别人要求的标准降低,不用自己的标准去衡量他人，同时也不用自己内心的秤去称别人。

2. 杜绝攀比心理。攀比是导致我们内心焦虑的重要原因之一。我们不要轻易与别人比较，尤其是拿自己"没有的"去与别人所拥有的比。如果非要去比不可，我们就多拿自己的"长处"去与他人的"短处"比。如此一来，我们的内心就会变得平衡许多，焦虑自然就会消失了。

3. 在焦虑时，我们要提醒自己真正的幸福并非是"能得到什么"，而是"现在拥有什么"。一切寄托在外在物质上面的快乐只能是短暂的，因为任何东西只是我们生活的"搭配"。幸福，是内心生长出的力量，那是一件只与自己有关的事。

当然，欲望是痛苦之源，并不是要让人完全彻底"禁欲"。因为欲望也是人类前进的动力，如果彻底"禁欲"，那么就是阻碍人类发展。因此，我们要把握和控制好自身的欲望，使欲望既合理存在又能够减少我们心中的痛苦，不把生活目标定得太高，同时，在实现目标过程中不去侵犯其他人的利益，避免自己因背负太多而导致道德焦虑。

别因小事将生活扣上死结

在生活中，将我们置于焦虑、烦躁状态的，往往不是大事，而是一些不起眼的小事，例如，早上起床晚了，上班迟到，被领导批评，一整天的情绪都不高涨；上班路上挤公共汽车时，被人踩了脚，心情异常糟糕；上班途中堵车，心中的坏情绪随之而来；工作中被客户的一句话伤到了自尊心，抑郁难当……这些事看似很小，但足以打乱我们平静的状态，吞噬掉我们一时乃至一天的好心情，甚至让我们变得心神不宁、狂躁不安。

张静经常会被一些"小事"搞得心情烦躁。最近一周，她感觉到"诸事不顺"：周一上班期间，在装订文件时，她因为手被小刀划破了而沮丧不已；周二时，她因为迟到而遭到领导批评，心情一天都极其低落；周三时，她因为被客户拒绝而狂躁不已；周四时，她因为车被蹭了而暴怒不已；周五时，她因为孩子在学校与人打架，被老师通知到学校一趟……

类似的小事经常发生在张静身上。她感觉自己太倒霉了，内心经常不平静，心情时常很糟糕，动不动就想发脾气，莫名其妙地想骂人。可是，越是这样，她越容易出乱子，都觉得快撑不下去了……

生活琐事虽不起眼，却是使人发"脾气"的根源。我们的生活都是由诸多小事组成的。要想让生活不乱阵脚、快乐常在，我们就要学会去控制情绪与行为，尽力敞开心胸，不因小事将生活扣上死结，让自己抓狂。

对于此，两千多年前，雅典政治家伯里克利曾经留给人类一句忠言："请注意啊，我们已经将太多的精力纠缠于一些小事情了！"至今，这句话仍然值得我们品味和借鉴。

对于大多数人来说，生活是由无数小事组合而成的。如果过多地拘泥、计较小事，那么，我们的人生就没有什么意义和乐趣可言——触目所及的必然都是烦恼、痛苦、矛盾与冲突。

我们可以静下心来想一想：正在街上行走时，恰好被楼上居民随手扔掉的果皮砸到了头；去买菜时，有人不小心弄脏了漂亮的新裙子……此时此刻，如果我们不大事化小，小事化了，不懂得控制自己的情绪，而是口出污言秽语，或者对别人大发雷霆，就可能会闹出更大麻烦或祸端，招来更大烦恼和痛苦。

报纸上就报道过这样的一个故事：

有一位年轻女子与男友一起去看电影时，因为太拥挤，女子的脚被后面的一位男士无意间踩了一下。尽管那位男士已经道歉，但那位女子恼羞成怒，依旧不依不饶，竟然教唆男友对对方大打出手。结果，男友被判入狱，女子也非常悔恨，深感自己害了男友。

在小事上过于斤斤计较，是损害人际关系的一大诱因，也是阻碍我们获得快乐和幸福的重要因素。因此，被琐事缠绕的我们，还是宽容对待一切吧，切莫将之放在心上或者一直耿耿于怀，给自己戴上焦虑的紧箍咒，让自己的内心承受痛苦。

白落梅说："许多人想行云流水过此一生，却总是风波四起，劲浪不止。平和之人，纵然是经历沧海桑田也会安然无恙。敏感之人，遭遇一点风声也会千疮百孔。命运给每个人同等的安排，而选择如何经营自己的生活、酿造自己的情感，则在于自己的心性。"这段话告诉我们，一个人过怎样的生活，完全是由其内在的心性决定的，而与外在的境遇无关。当我们深陷焦虑时，我们首先要改变的是自己的心态。

避免因小事而深陷焦虑，我们还可以从以下几个方面入手：

1. 从医学和健康角度讲，那些事事爱计较、精于算计的人，其健康状况往往是令人担忧的。《红楼梦》里的林黛玉斤斤计较，患得患失。对别人一句无意的话,她也会辗转反侧,难于入眠,抑郁不已,最终只落个"红颜薄命"的悲惨结局。因此,当我们为小事烦躁时,想想林黛玉,想想自己的身体,焦虑的情绪也就会很快消失。

2. 学会忍让。古人云:"让一让,三尺巷。"对生活中的小事,让一让,忍一忍又何妨?人活在世上,理应开朗、豁达,活得超脱一些的。如果我们凡事都去斤斤计较,只会让自己变得更阴暗,给自己徒增烦恼。所以,我们要勇于放下,"糊涂"地对待一些小事,让自己更快乐和阳光。

学会放下,别为浮名虚利所累

一位商人在长江边一家客栈休息时,问客栈老板:"长江中的船每天都来来往往,河运如此繁忙,一天到底有多少条船呀?"

客栈老板说:"这里只有两条船经过。"

商人赶忙问:"怎么会只有两条船呢?"

老板回答说:"一条为名,一条为利,整个江中来来往往的无非就是这两条船。"

商人若有所思,想到自己前半生忙碌的经商生涯,感叹道:"我前半生,颠沛流离,仅为了虚名浮利所累,从来没有认真地静下心来听过一曲音乐,和爱人在阳光下散过步,静下心来好好看过一本书……"

事实上，我们的一生何尝不是如商人所感慨的那样呢？我们每天忙忙碌碌，为考核而焦躁不安，为升职加薪而忧虑，为未知的前途而迷惘，好不容易熬到了退休，本以为自己终于可以过上轻松、清闲的日子，却因为放下权力而伤感不已……回想一生，貌似都在焦虑中度过，而这多数焦虑皆因为虚名浮利。

不过，如果我们能静下心来想想，这又是何必呢？在这个世界上，每个人都是来去匆匆的过客，名与利都不过是过眼云烟，生不带来，死不能带走，与其一生为它所累，不如放下负累，活得实在一点，快乐一点——泡一杯香茗，听一曲音乐，看一本好书，坐在窗边，让心灵在春暖花开的季节里静静绽放，细细品味生活的真滋味。

萨克雷的《名利场》中的女主人公叫丽蓓卡·夏普，其一生是在不断追求中度过的。但到最终，她的一切心机却全部白费了。最终，作者在书中以伤感而又无奈的语气说："唉，浮名虚利，一切虚空，我们这些人谁又是真正快活地活着的？谁又是称心如意地活着的？就算当时遂了自己的心愿，以后还不是照样不知足？"这话道出了人性的悲哀，也是多数人的人生写照。

"非淡泊无以明志，非宁静无以致远。"这句话道出了人生真谛。追逐名利，是误入歧途。因为淡泊名利，可能平凡，但还不至于会平庸，而追名逐利，可能会风光一时，但心灵不会自由，也活不出真正的精彩来。名利是身外之物，面对名利，我们要做到处之泰然，不惊不喜；失之淡然，不悲不怒，而为了名利而累心累身，致自己于焦虑不安的状态，是本末倒置的傻事。

在生活中，当我们在为"虚名浮利"而焦虑的时候，我们是否想过一个问题：人生真正需要什么？是过多的金钱和物质吗？即便我们拥有了全世界，无非也就是一日三餐，夜寐一床。就算我们有豪华的房屋，买回很多好吃的，到头来也是睡一张床，吃三顿餐。就算每次可以点上100道菜，我们又能吃多少呢？最多能撑饱一个胃，难道不是么？

美国好莱坞一位死于肥胖的明星曾经说："富裕和肥胖其实没有什么两样，都不过是获得了超过自己需要的东西罢。"的确如此，生命需要的是适当的营养，过多了同样也会扼杀它。我们生活得幸福需要适当的物质和名利，将名利和物质看得过重，也会让我们焦虑，摧毁我们的幸福。

因名利而焦躁不安的朋友，从现在开始，学会放下浮名虚利，平衡焦虑情绪，回归到自己的幸福吧！

以下几种方法，将会让我们大受益处：

1. 比较法。当我们觉得自己的欲望得不到满足时，就往后看看那些不如我们的人，然后再想想我们所拥有的。

2. 凡事多往好的方向想。生活中有不顺利是难免的，遇到什么难以实现的愿望时，我们就多想想这些不顺或挫折所带给自己的经验和教训。这也是一种收获。

3. 为自己设定一个弹性的目标。人的一生总有起落，谁也无法保证自己总是向前走，总是走在正确的道路上，所以要按照自己的能力去制定目标，不要对自己太过苛求，过度的苛求只会让我们陷入不能完成目标的焦虑之中。

太看重"得失",结果只会更糟糕

瓦伦达是美国最著名的高空走钢丝表演者。在一次极重大的表演中,不幸失足身亡。事后,他妻子说:"我已经预感到他会出事了。因为他上场前总是不停地说,这次太重要了,不能失败,绝对不能失败;而以前每次成功的表演,他总全身心地想着走钢丝,而不去管这件事所带给他的一切结果。"

这就是心理学中著名的瓦伦达心态,即指一个人为达到一种目的总是患得患失的心态。在生活中,我们内心的焦虑何尝不是因为有瓦伦达心态而产生的呢?例如,马上要考试了,我们心中不停地告诫自己"一定要成功,绝不能失败",结果在焦虑状态中考出了最差的成绩;一名百发百中的神枪手,在比赛前一刻不停地对自己说"只许射中,不能失败",结果却脱了靶;明天要去面试了,晚上开始不停地嘱咐自己"别搞砸了,见面试官的时候一定要面带微笑",结果真的没被录用……

美国斯坦福大学的一项研究表明,人体大脑中某一个图像会如同实际情况那样刺激人的神经系统。比如,一个高尔夫球手击球前一再告诉自己"不要把球打进水中"时,他的大脑中往往就会出现"球掉进水中"的情景,而结果真的就将球打进了水中。这项研究从反面证实了瓦伦达心态。

这告诫我们,如果一个人太看重"得失",心中就会犹豫不决,就会患得患失，得到的结果往往就是最不愿意看到的。

刘丹是一家著名公司策划部门的管理人员，工作能力很强，也有个幸福的家庭。依她各方面的条件，她应该过得很快乐才是，但事实并非如此。

原来，刘丹在各方面都很出色，唯一令她苦恼的，是她在做事前总是顾虑太多，做任何决定前总是犹豫不决。有时候，虽然她做了决定，但心中总是不自觉地放不下，时常会担心自己的决定是否正确。尽管她的同事都说她在各方面已经考虑得很周全，但她仍旧害怕自己会出错，害怕出错后被别人嘲笑。

为此，她经常使自己陷入焦虑与苦恼之中。她内心越焦虑越苦恼，在做判断的时候，就越容易出错。有一次，一个很简单的策划方案，她因为犹豫不决，最终错失了实施方案的时机，给公司带来损失。事后，她置自己于痛苦之中，以致陷入恶性循环中走不出来。

一年后，刘丹被降了职。

一个人考虑得越多，其心里的折磨就越大，其前进的步伐就越艰难。刘丹心理包袱产生的原因就是她太过于在乎别人对她的评价和看法，也就是说，她太在乎一些东西，太害怕失去，患得患失，以致心理上受到了极大折磨。与其过得这样焦虑痛苦，我们还不如将得失看得淡一些，不太在乎结果。因为很多事的意义在于过程，而不在于结果，如果我们能享受做事过程中的快乐，那就不会常置自己于焦虑之中。

做到不看重得失，我们不妨从以下几方面去做：

1. 保持平常心。每次参加比赛也好，去做事情也罢，都要告诫自己重要的是经历或过程，至于美名、金钱、结果等都是身外之物，不必太关注。

2. 避免干扰。如果我们在从事某项活动时脑中一直想着成功的喜悦与表扬，或失败后的痛苦与冷眼，那么，这一活动就难以顺利完成。为避免产生瓦伦达效应，在某项活动开始前，我们一定不要去想结果，而应该把注意力放在事情的进展或技能方面。

对现实的焦虑，多数都是"比较"出来的

许多人焦虑不安，都是"比较"出来的。因为，有很多人，哪怕收入微薄，哪怕身居陋室，哪怕粗茶淡饭，只要不去外面"比较"，一切都没问题，不会感到焦虑，但一到外面，众人扎堆一议论，他心中马上就会生出焦躁感和不平衡感。

"他职位比我高，收入比我多，事业比我做得好，怎么才能追得上人家呢！"

"她嫁的老公是金领精英，我老公只是普通小职员……她比我幸福！"

"她儿子上的是名牌大学，我的孩子连大学都难考上……真是悲催啊！"

"同学刚买了大房子，地段好，环境好，而我到现在房租都交不起了，真是悲哀啊！"

……

多数人现实的焦虑，都源于一串清单，而清单上的每一条款，

都是与别人"比较"得来的。心理学家指出，人正是因为在人群中习惯了仰视，所以才滋生出许多忧虑来！生活中的快乐和幸福是用来感受的，并不是用来比较的。然而，我们总习惯与那些比我们强的人进行攀比。这样就常常会迷失自己，让本有的幸福、快乐与我们擦肩而过！

有道是：山外青山楼外楼，比来比去何时休？"好"只是相对的，只要把握当下，谁都可以拥有属于自己的幸福。为何要比来比去的呢？人只有用心去感受自己的幸福，才能真正体会生命的美好。

刘梅与丈夫一同用积累了十几年的工资在北京五环边上某小区买了一套两居室的新房。房子是他们精挑细选买下来的。交房后，两人又一同商定了装修风格，一同买自己喜爱的家具。一切就绪，他们搬进了新家。每天下班后，看到与爱人一起筑起的"爱巢"，刘梅心中都会泛起一阵温暖，脸上的笑容也变得甜蜜多了。

然而，没过多久，她这种美好的感觉却被朋友的另一套房子打碎了。原来，刘梅的好朋友也买了一套房。装修后，朋友打电话让刘梅到家里参观。朋友的房子地段很好，面积特别大，里面装修用的都是高档材料。

从朋友家里回去后，刘梅脸上的笑容就消失了——她原本的幸福被好朋友"更好的房子"给冲击掉了。

比较心理会冲击掉原本幸福的感觉！别人的房子更好，花的钱自然要更多，付出的辛苦也更多，那就让对方"更好"吧！不想背负太大的负担，买一个舒适的小窝，独自感受当下的惬意生活，不也是很好、很幸福吗？

与他人比较，往往会让我们只看到别人的光环，会给自己带来诸多阴暗和不愉快的感觉，而怀有比较的心理去工作或者生活，即便再有优势，也难免会使自己的心理失衡，也不会有愉快的感觉。因此，比较是极为危险的，会让我们忽略或者不满足于自己所拥有的，会让我们错失掉很多美好的东西，会挑拨起我们的野心，会诋毁我们自己所做的一切努力，让我们所得的和已经拥有的变得毫无生机和意义。

我们要想永久地生活在幸福之中，就不要再去比较，而是要用心去感受自己当下所拥有的一切。

如何做到不比较，消除对现实的焦虑，我们还可以尝试以下的方法：

1. 知足常乐。在生活中，我们难免会与他人"比较"。正确乐观的比较应该是自己和自己比，把自己的今天和自己的过去比。只要你努力过，且通过努力进步了、收获了，即便别人已达到小康而自己只达到了温饱，也丝毫没必要自惭形秽。因为每个人的起点不同，经历也不同。同样一双手，十个指头，哪能一般齐呢？

2. 活出自己。人的一生，不追名，不逐利，只要活出最真实的自己，走自己的路，体味自己的精彩人生，就不会因为比较而产生不平衡的心理。

3. 当我们因为别人的"好"而对自己的未来充满恐慌时，就要在心里暗暗给自己打气，如，"怕什么，你所有的终有一天我也会有"、"我一定能行"等。当我们这样说时，全身就会充满力量，不平衡的心态便会消散。

"苛求"太多,你当然就会烦躁不安

在生活中,还有一些焦虑,是"苛求"出来的:苛求一个不适合自己的工作,苛求一段写满了"伤疤"的感情,苛求一段并不真诚的友谊,苛求自己做一件并不情愿的事……这都是跟自己过不去。因为,雨果说:"苛求等于断送。"过分苛求,就是给生命套上枷锁,让自己变得烦躁不安。

已经是凌晨两点钟了,陈莉房间的灯还在亮着。她正在书房中拼命地攻读英语,神色有些憔悴。她这种状态已经持续了三个月。这段时间里,她脑子里总是重复着学习和考试。之所以如此紧张、勤奋,是因为她的成人英语资格证书考了四次都没有通过,这个月要考第五次。

其实,陈莉是一家国企的中层管理人员,平时工作出色,是企业的重点培养对象,很有可能在不久的将来升职。她的工作用不到英语,但因为大学时她的英语资格证书没有考过,一直很不甘心。于是,她毕业后就与英语叫上了板,不考过决不罢休。

陈莉从小就受到极好的教育,做事也极为认真,责任心很强,但她从小到大都惧怕考试。她平时学习挺好,但一到考试就"落后"。尽管她惧怕考试,但她不想让自己的人生留下什么遗憾。在每一次临考的前夜,她都会胡思乱想,而且想着想着就睡不着了,结果,第二天考试就考砸了。

几年下来,她仍然没能如愿拿到那个资格证书。如今,为了这个考试,她每晚都强迫自己去认真学习。

由于太过紧张和焦虑,她几乎每晚都会失眠,脾气也变得急躁了许多,且已经十分严重地影响了白天的工作,整个人都变得异常痛苦。

陈莉的痛苦主要源于她太过固执,过分去苛求不必要的东西。对于她来说,英语资格证书既然在工作中用不到,就没有必要那样去苦苦地折磨自己去学英语。

在现实生活中,像陈莉这样的人有很多。他们总是为一些无关紧要的理由去强迫自己达到某一目标,过分地苛求自己努力做到最好。在工作中,她们崇尚完美主义,不轻易去相信别人,事无巨细,大事小事总是一人包揽。他们甚至不敢公开表达自己的消极情绪——长时间的压力与压抑让他们产生了极为消极的心理反应。

其实,如果仔细静下心来想想,这又何必呢?我们不能做到最好,但完全可以放松心态做到很好;我们不能拥有伟大,但完全可以静守平庸,用轻松的人生规则主宰自己的快乐。这些又有何不可呢?

许多人在工作中经常会制定一些不切实际的目标,例如"我一定要在一年内升职、加薪"、"我一定要在某个领域之中做出最大的成就,成为某方面的专家"等。理想很丰满,现实却很骨感,切合实际的理想尚不一定实现,不切合实际的理想就更实现不了了。

不仅如此,很多时候,不切实际的理想与追求只会成为我们的负担,会羁绊我们实现那些切合实际的理想,给我们带来严重的负面影响。

人生苦短，韶华易逝，执着于一个目标、一个信念那是大勇，但如果目标不合适或者客观条件不允许，与其蹉跎岁月，徒劳无功，还不如干脆放下——放下那宏大的美丽理想，选择那些触手可及的目标，让自己的人生处于一种祥和自然的状态中，从中去体味生命的真义。

对自己不苛求，远离焦虑情绪，我们还可以尝试用下面的方法：

1. 告诫自己：能够站在塔尖上的毕竟是世界上的少数人。只要根据自己的能力，坚守自己的梦想，抱着一种顺其自然的心态去追求，只要为此付出努力了，就应该问心无愧，就应该知足，因为这样能让自己感受到追求梦想过程中的快乐与幸福。

2. 千万不要给制定什么硬指标。比如，每月一定要给自己制定完成梦想的具体额度，几年之内要达到什么位置，一生要留下多少财富等。我们可以根据自身的实际情况，给自己一个合理的评估，然后制定一个弹性且科学的目标，再去逐步实施，这样就会在过程中收获喜悦和快乐。

很多所谓的"忧虑"都是自找的

很多所谓的"忧虑"其实都是自找的。例如，丢了一单生意，明知事情已经发生，却不想着如何及时补救，而是唉声叹气或者烦躁不安；面对过世的亲人，我们明知不可挽回，但还是让自己长久性地陷入痛苦之中；面对一份无爱的感情，明知不可能回到过去，但还是苦苦在其中挣扎、不愿放手等。

世间本无苦，庸人自扰之，生活中那些让人痛不欲生的烦恼多数是自己想象出来的。

肖萧在一家单位上班，每天都在想自己如何才能一举成名。他想了很多方法，但从来没认真地做过一件事。他每天都执着于空想之中，毕业三年了，还是没一点成就，工作也做得一塌糊涂。为此，他非常烦恼，内心焦躁不安。

有一天，他遇到了一位名扬天下的大师级人物。肖萧兴高采烈地走向前，请教他是如何名扬天下的。

肖萧问大师："我每天都在想如何成名，想了许多方法，但两年过去了为何一点成效也没有？"

大师了解了他的心理，便问他："你是否真的很想出名？"

"对啊！我连做梦都在想，什么时候才能像您一样出名呢？"肖萧忙不迭地回答。

"等你死后，你很快就会出名。"大师不慌不忙地说。

"为什么我要等到死了以后才出名呀？"肖萧吃惊地问。

大师告诉他："因为你一直想拥有一座高楼，可是从没有动手去建造这座高楼。所以，你一辈子都生活在空想之中。等你死后，人们就会经常提起你，以告诫那些只会做白日梦、不肯动手去做事的人。如此一来，你就名扬天下了。"

人的多数焦虑不安都是自己的意念制造出来的。它不会改变你的现状，只会让你的心灵被烦恼和焦虑所缠绕。所以，如果此刻的我们感到不快乐，有焦虑不安的情绪，那么就先扪心自问一下这些是否也是自己臆想出来的，然后马上将其终止——只要我们不去刻意地想它，便可以立即恢复平静。

每个人都有过空想，适度的空想对人有一定积极作用，但如果一直执着于空想之中，那么就会被空想所累。因此，当我们的心灵被空想的烦恼盘踞时，我们一定要行动起来，消除焦虑，将痛苦"枪毙"掉。

行动是治疗空想烦恼的最好良药，也是实现个人目标的必经之路。我们时刻要清楚，不管我们的梦想有多么美好，它只是一个梦；只有行动起来，把它变成真实存在的，才是可以拥有的。

另外，我们还可以用以下方法来平衡情绪：

1. 当我们为不切实际的幻想而焦虑时，不妨做一次深呼吸，尽量保持内心的平静，并努力将自己的臆想拉回到现实之中。内心安定之人没有焦虑，是因为他们生活在真切的世界中，能根据自己内心的想法以及身边的情势，决定自己的言行，挥洒自己的人生理想，脚踏实地地努力地活着，那些不必要的烦恼自然就不会来打扰了。

2. 平时多听听音乐，让优美的音乐来化解我们心灵的疲惫感。因为，舒缓的音乐不仅能给人带来美的熏陶和享受，而且还能够让人的精神得到有效的放松，进而让自己慢慢地丢掉一些不切实际的幻想。

请慢一点,等一等灵魂

在忙乱的生活中,我们是否有这样的感觉:不知从何时开始,我们变成了路上那个急匆匆的背影——似乎我们每天都很忙,忙得像一只一刻都不停止旋转的陀螺,步履匆匆,无暇侧目,没有时间与家人一起吃顿饭,没有时间与朋友聊天,忙工作,忙升职,忙孩子,来不及细品生活的滋味,来不及静品午后的时光。工作一天回到家后,我们内心还会莫名地陷入一种不安的状态中。于是,我们开始反思为何不安,但想了许久也找不出确切的答案。

为什么会这样呢?这主要是因为我们总是苛求自己不停地忙碌,以至于使忙碌深深地同化到我们的心灵深处。

一位专栏作家曾这样描述过一个普通上班族的一天:

早上七点钟,闹铃声响起,开始起床忙碌——洗漱,穿职业套装,然后吃早餐,随后抓起水杯和工作包,急急忙忙跳进汽车,接受每天被称为上班高峰时间的煎熬。

从上午九点到下午五点期间,不得不在工作中装得忙忙碌碌,极力掩饰错误,微笑着接受着来自各方面的工作压力。当"重组"或"裁员"的斧头落在别人头上时,自己长长地松了一口气,然后再扛起额外增加的工作,不断地看表,并不断地与内心的良知做斗争,行动上却和老板保持一致,脸上时刻要挂满假意的微笑。

下午五点后,坐进车里,行驶在回家的高速公路上。开始与家人或好友相处，吃饭、聊天、看电视。

十点钟开始睡觉，以防明天因迟到被罚当月奖金。

这种机械、无趣的生活离我们其实并不遥远。很多人都与这位上班族一样，每天都在大脑一片空白中忙碌着，置身于一件件做不完的琐事与想不到尽头的杂念中，整天都在忙忙碌碌，体验不到生活的丝毫乐趣。

就这样，我们每天都在重复着这样的忙碌生活，将内心的弦绷得紧紧的，害怕一停下来就被社会所淘汰。然而，麻木与紧张并非是生活的本质。面对这样的生活，我们就要抛开一切，放开内心绷紧的弦，让自己清闲下来一段时间，重新找到生活的意义和乐趣。

有一句说得"很文艺"的话："请走慢一点，等一等灵魂。"这话说的就是现代人的身体一直朝着某个方向不停地奔走，而灵魂却一直在不远处若即若离。不知不觉中，我们在生活中渐渐地背离了自己，说着言不由衷的话，做着并不顺心的事，被诸多的欲望追赶着脚步，没有幸福感，没有方向感，茫然而混沌。

同时，这句话也在告诫现代人要停下忙碌的脚步，让灵魂跟上自己的节奏，一起去体验生活的真滋味。比如，我们要时常停下忙碌的脚步给父母打打电话，多抽点时间回去陪陪他们，去感悟亲情的珍贵；我们要抽时间静坐下来听听朋友的絮叨，耐心地与他们聊聊天说说家常，去体味友情的真挚；我们要懂得与爱人分享生活的喜悦，认真地欣赏爱人今天的新衣服和新发型；我们要让自己停下来，静静享受阅读带给生命的欢悦与深刻；每天在上班的路上，适当地放慢你的脚步，看看路边开满鲜花的树，感受小桥流水的灵秀，仔细地品味种种生活细节带给我们的感动……让我们从现在开始，停下忙碌的脚步，认真仔细地去感受生活，感受细节，感受世间万物的美——那种"宠辱不惊，闲看庭前花开花落，去留无意，漫随天外云卷云舒"的气节和胸怀才是我们应该真正追求的财富。

要让自己慢下来，等一等灵魂，仔细体味生活的真滋味，我们还可以尝试以下措施：

1. 对自己的时间进行合理规划。除了工作外，我们一定要安排时间让自己合理地放松、旅行等，带着灵魂去赶路，带上心去生活，体验一下生活的另外一番景象。

2. 别让忙碌锁住了亲情、友情和爱情。随着年龄的增长，我们也逐渐忽视了父母长辈的存在和意见，少了许多用爱聆听、用心畅谈的沟通和交流；同时，随着现代信息工具的发达而习惯于用短信、电子邮件复制转发一些格式化的矫情或祝福给亲朋好友，而少了许多贴心的问候和亲切的关怀。而许多夫妻之间谈钱的时候要多过谈情。这些生活方式无意间锁住了我们通向温情、温暖、温馨的亲情、友情以及爱情的心门。

有些人活得不开心，整天都焦躁不安，郁郁寡欢。这个时候，他们最应该做的就是打开自己紧锁的心门，畅快地与周围的亲人、朋友聊聊天，说些开心的事，谈谈生活的体验等——如此一来，其焦虑、郁闷情绪就能在亲情或者友情中得到缓解。

别急躁，有耐心人才能享受到生活的美好

一个牧师在布道辞里讲了这样一个故事：

上帝给我分派了一个任务，让我牵一只蜗牛出去散步。于是，我就照做了。在途中，我尽管走得很慢，蜗牛尽管已经在尽力地爬，可每次总是只能挪动那一点点距离。于是，我开始不停地催促它，吓唬它，责备它。蜗牛也只是用抱歉的眼光看着我，仿佛说自己已经尽力了。我恼怒了，就不停地拉它，扯它，甚至想踢它。蜗牛也只是受着伤，喘着气，卖力地往前爬。

我想：真是太奇怪了，为什么上帝要我牵一只蜗牛去散步呢？于是，我开始仰天望着上帝，发现天上一片安静。我想，反正上帝都不管它了，我还管它干什么，任由蜗牛慢慢往前爬吧！我想丢下它，独自往前赶路。我就放慢了脚步，想将它放下，静下心来……咦？忽然闻到了花香，原来这边有个花园，我感到微风吹来，原来此刻的风如此温柔……而我以前怎么都没有体会到呢？

我这才想起来，原来是上帝叫蜗牛牵我来散步的……

在生活中，我们已经习惯了忙碌的生活，遇事都急躁，这样是无论如何感受不到路途中的美景的。如果我们能够放下欲求，放下急躁，让此刻的自己松懈下来，就能体会到生活的幸福和生命的快乐。

事实上，过于急躁的情绪会扰乱我们的行动，不仅会影响我们

去实现自我的目标，还会给我们带来一些负面情绪，为我们的生活带来额外不必要的烦恼。

晓莉是某著名公司的管理人员。在公司工作的四年中，领导对她的评价是思维敏捷，办事麻利，工作能力极强；而同事和下属对她的评价却是不够宽容，激动易怒，做事手段太强硬。领导与同事对她的评价有如此大的不同，就源于她急躁的性格。

在公司内部，只要上级部门向她下达工作任务，她总能够提前完成工作任务。为此，她总能得到领导的表扬。但是，为了提前完成工作任务，她对下属的要求十分苛刻，明明需要三天才能完成的任务，她却要将工作任务压缩到两天，不仅把自己搞得焦头烂额，也让那些执行任务的员工忙得手忙脚乱，精神压力甚大。不仅如此，如果哪个环节出了问题，拖延了时间，她不仅会大发雷霆，还会扣除相关员工的月奖金，让她的下属都苦不堪言。

对此，她有自己的理由："我其实也不想把大家搞得那么紧张，但我就是忍受不了那种慢吞吞的样子……在公司里，我从不甘心自己落后，一看到那些效率低下的员工，我就会不由自主地发脾气……对此，我也十分苦恼。我的工作压力大极了，头痛、失眠、焦虑经常伴随着我，而且整个人经常会莫名其妙地处于焦躁不安之中，动不动就想发脾气……"

这就是急躁带来的后果。其实，晓莉急躁性格产生的根源在于她苛求太多——她总不甘于落后，不满足于现状，只要有工作任务，就会马上动手去干，就想干好后得到领导的赞扬。不过，让自己背负着如此巨大的痛苦去换取领导的赞扬，未免有些得不偿失了吧！

在生活中，我们可能也会这样：只要有任务或者有事情等着去做，就会马上动手去做，既不认真准备，又无周密计划，而遇到烦琐的事就恨不得来个"快刀斩乱麻"，想一下子把问题都解决，问题一旦解决不了，又会产生挫败感，心神不宁。这时候，我们也时常听不进去别人的意见与建议，时常会对提意见或建议的人大发雷霆……神经好像上紧的发条一样仿佛永远无法平静下来。这种急躁表现说明我们身处在焦虑之中。

此时，我们要尽快平静下来，不要急着去做事，先努力舒缓自己的情绪——只要心中静静地默念：好，好，慢一点，不必急，并努力让自己心平气和地坐下来，放松神经，不刻意去思考什么内容，尽量使自己的思维维持在一种似有似无、天马行空的感觉里，或者集中精力听一种声音，比如钟的嘀嗒声。等精神松弛下来后，我们可以随意控制自己的心理活动，还可以想象事情发生的场景，将自己置身其中，最终找到更好的处事方式。

同时，我们要相信，耐心是可以培养的，不要对自己要求过高，也不要过分地苛求他人，理性而积极地认识自己。在做事情时，我们一方面要有计划，另一方面计划又不可过于完备，要预留自由度。计划赶不上变化，一个真正思考周到而有耐心的人，是善于在坚持自己原则的前提下灵活变通的。因为唯有这样，我们才能让自己在平静的状态下有条不紊地去实现目标。

第二章
内心足够强大了,就没什么焦虑的

真正的生活在内心,只有内心强大才是真正的强大。每个人向外所呈现的一切皆源于他的内心——心是一切的根源,焦虑、痛苦等负情绪皆源于内心。要祛除不快,过不焦虑的生活,我们要让自己的内心强大起来,达到"泰山崩于前而面不改色"的至高境界,不为外界任何事焦虑。

焦虑往往源于自身的无能

心理学家认为,一个人在悔恨或事情得不到解决时,就会滋生焦虑情绪。同时,在别人没有依其期望或预期行事时,其内在情感得不到满足时,也会忧虑或者生气。因而在某种意义上讲,焦虑很多时候源于自身的无能。所以,当我们因为事或人而焦虑时,需要反思自我,提升自己的能力,让自我真正强大起来。

在工作中,我们可能会因为上司的一句批评而情绪低沉,对接下来的工作心存焦虑,也可能会因为他人的嘲笑、挖苦而烦躁难耐,也可能会因为目前自身的身体状况不佳而愁眉不展……我们之所以会痛苦、烦躁,是因为自己无法处理面临的各种困难——这些难题不会随着时间的流逝而淡化,反而会逐渐成为巨石,甚至大山一样的负担。不仅如此,时间越长,我们越容易发现自己依旧不能解决那些难题。这种"负担"就是我们焦虑情绪的起源之一。

究其本质,就是我们不能承担这种"负担",无法解决面临的困难,长期无法改变自己当下的处境。正因为如此,我们在面临难以解决的困难时通常是软弱的。而我们长期处于这种软弱状态下,长期苦于无法解决困难,就会逐渐认识到自己无能为力,产生严重的负面情绪——除了怨天尤人之外，就是毫无意义地忧虑。

这种状态不仅会伤害到自己，也可能会伤害到别人。因为有些人长期内心焦虑后，就会变得不理智，极其愚蠢地将坏情绪宣泄到他人身上——小则影响人际关系，大则引发争吵或者冲突，进而发生更大的不愉快。

正因为如此，智者是不会因为某事而轻易焦虑的，因此他们深谙，与其焦虑，不如学着从困境中吸纳长处和精华，化为自身强身壮体的"钙质"。

这一天，49岁的伯尼·马库斯像往常一样，拎着公文包去上班。

在二十多年职业生涯中，伯尼·马库斯始终都勤勤恳恳、兢兢业业，如今才坐到职业经理人位置上。他只需要再这样工作11年，就可以安安稳稳地拿到退休金。但是，他万万没有想到，这是他在公司工作的最后一天。

"你被解雇了。"

"为什么？我犯了什么错？"他惊讶地问。

"不，你没有过错。公司发展不景气，董事会决定裁员，仅此而已。"仅此而已！他听到这个理由，内心的怒火顿时蹿上来，想大闹一场，把公司董事会成员揍一顿。但是，他控制住了。因为他知道，接下来解决繁重的家庭开支才是最主要的，愤怒能解一时之气，却不能解决全家的生活问题。

在那段日子里，他内心焦虑极了。他经常会去洛杉矶一家街头咖啡厅，一坐就是几个小时，以此来化解内心的苦闷。

有一天，伯尼·马库斯遇到老朋友——同样被解雇的亚瑟·布兰克。他俩互相慰勉，一起寻求解决办法。

"为什么我们不自己创办一家公司呢?"这个念头像火苗一样点燃了两人压抑在心中的激情和梦想。于是,就在这间咖啡店里,他们策划建立新的家居仓储公司,制定出"拥有最低价格、最优选择、最好服务"的制胜理念和使这一理念得以成功实践的一套管理制度。随后,他们开始着手创办企业。

20年后,他们原本名不见经传的小公司发展成为拥有775家分店、15万名员工、年销售额300亿美元的世界500强企业之一——美国家居仓储公司。这是全球零售业发展史上的一个奇迹,起源于"你被解雇了"这句话激发出来的奇迹。

一位哲人说,一个人在没有实力的情况下,随意发泄坏情绪是毫无意义的事。因此,当我们的人生陷入困境中,焦虑除了给我们增加痛苦和精神压力外,并无任何用处。我们的生气和焦虑都只不过是我们无法解决当下问题的外在表现而已。如果我们随意发泄,不仅会毁了形象,还会将自己的缺点和短处暴露无遗——这些只会导致自己的境况更糟糕。

正因为如此,当我们感到焦虑不安时,与其无休止地愤怒,不如及时行动,努力去改变或扭转既定的事实——正如马库斯一样,在绝望中寻求希望,再付诸行动,真正解决掉自己面临的问题。

在无能或无可奈何时,我们要解决自身的痛苦,一般可以采用以下这几种途径:

1. 正视困境,正视自身,意识到困难是一种生命过程,把困难当作一种磨炼,通过面对困境来锻炼自身的意志力,让自己能够从心理状态到实际能力都得到增强,提高自己的能力,使自己能够解决问题,化解危机,基本根除痛苦的根源。

2. 认识到困难不可避免以及自身的各种弱点和缺陷，承认自己的软弱和卑微，但采取顺其自然的方式，乐观淡然面对困境，在力所能及的情况下，努力对自身和处境都做出改变，尽可能地减少困难对自身产生的影响，弱化痛苦给自己带来的伤害。

3. 在困难中看到自己的失败，发现自己难以改变一切，用其他事情分散自己对困境的注意力，并试图逃避解决问题，避免做出决定性的选择，避免自甘懦弱，避免逐渐变得麻木、漠然，视痛苦或愤怒为无物，以戏谑心态面对一切。

与其让焦虑折磨自己，不如变压力为动力

工作压力是人产生焦虑的主要原因之一。例如，明天要交的文件到现在还没有头绪；已经到月底了，手头要完成的工作仍堆积如山；已经好几周过去了，客户迟迟还不肯签约；因为自己的工作失误惹得上司大怒等，这些压力都会置人于焦躁不安的状态中——想努力工作，但总觉得力不从心。

此时，最明智的做法就是将你的压力转化为动力，以此来平衡你的焦虑情绪。因为，压力如"水"——可载舟，亦可覆舟。如果我们能将压力变为前进的动力，那它就是蜜饯；如果将压力憋在心里，让其无休止地折磨自己，那它就是砒霜。

每个人都有无限潜能。据科学家研究，人在巨大的压力下，身体内会分泌出大量肾上腺素，可以激发人无尽的潜能，可以促使人跑得

更快，跳得更高，力量也会更强，从而做出惊人的壮举。当人处于顺境或宽松的情况下，是难以突破自身的潜能做出惊人成就的。所以，在工作中，如果我们感到压力巨大，与其让焦虑来折磨自己，不如转变观念，合理地规划时间，并将它转化为突破自我极限的动力。

李萍在一家著名杂志社工作。两年多来，她工作还算舒心。但是，最让她心焦的是每周的写作任务，必须要在一周内交出一定数量的稿子——这给她带来了巨大的精神压力。但是，她后来发现，这种压力竟然成了她工作的动力。

在很多情况下，她觉得在规定时间内创造的效率在比自由散漫情况下创造的效率要高得多。比如说，她本打算要用三天时间去完成一篇文章。在这期间，她会去查资料，搞写作，很繁忙，但最终写出来的也不一定能获得主编认可。如果领导规定她必须要在一天时间内保质保量将文章交上去，否则将会被解雇。在这种情况下，压力尽管是巨大的，但她也能写出一篇精品文章来，也无须去找资料——在极短时间内反而能够激发出她的创作灵感来。

很多时候，在"绝境"之中，效率反而比以前要提高很多。领导对她的要求高了，她的写作水平也自然提高了许多，先前的焦虑不安也自然就不存在。

时间的紧迫原本给李萍带来了巨大精神压力，但是，这种压力在她内心引起了波动，能够调集她脑海中所有思维甚至潜意识的力量去完成工作任务。在这种情况下，她的写作能力当然就提高了。在心理学中，这被称之为最后通牒效应。

在生活中，每个人都难以逃避生活和工作中的种种压力，而要去战胜它们的最佳办法便是先放"心"去主动面对，再用"心"去解决问题。

所谓用"心"去解决，就是你要弄清楚压力产生的根源。人们普遍认为压力是问题本身所带来的，实际上，压力产生的根源是我们对问题本身的态度。因为，事情本身并无压力可言。因此，当我们感受到压力的时候，最好的做法就是找一个出口，尝试寻求解决问题的办法，这样不仅有助于及时化解难题，还能够转移自我的注意力，开掘自我潜能，做出出乎人意料的成绩。

要想做到这点，我们可以尝试以下方法：

1. 当因为工作压力而产生焦虑时，我们不妨对自己说"这是对我的挑战和考验"、"这是催促我提升自我，积极工作"、"成就自我的机会来了，赶紧抓住它，全身心应对吧"……只要换个角度去考虑，态度一转变，压力很快便会转化为动力。

2. 压力袭来时，与其焦虑不安，不如抓紧去行动。我们可以尝试将自己的工作做一个合理的规划，然后再着手一件一件去完成。因为，行动是舒缓一个人不良情绪的良方，它能让人忘记焦虑，变得积极和优秀。

内心强大的人，与万物都能和谐相处

时下，很多人的焦虑情绪都源于心态——内心不够强大。他们往往会因别人的一个眼神或一句话而焦躁，往往会因一时挫折而陷入盲目、焦虑、纠结、无助等不良情绪中，从而失去了对自我的掌握。

相反，一个内心强大的人，其内心是平和、慈祥的，其情感是温暖的。因为有深厚的知识底蕴做支撑，所以他们不会计较个人的得与失，更不会在乎周围人对他们的冒犯，也不会在乎他人的误解和世俗偏见对他们的评价。他们的内心本身就是一个完美的世界，不会色厉内荏、外强中干，不会随意对人发脾气，更不会因为他人的言语或行为而焦虑、纠结。可以说，内心强大者对自己与周围的人和世界都有极为强大的信念——这种信念足以让他坚持自我原则，与万物和谐地相处。

正所谓：铁牛不怕狮子吼。一个内心强大的人，首先是自己心态的主人。就像老子一样，不为外界的任何因素所困扰和左右，只依自己内心去主宰自己的行为。所以，他的世界是一片安宁的。

在生活中，我们要活得快乐、宁静，就必须懂得控制自我的情绪，做自己心态的主人，不为外界的所有干扰而大喜、动怒、焦虑，始终保持一颗平常心，焦虑、愤怒等不良情绪便不会来打扰了。

著名情感作家张德芬说："困难大家都有，痛苦每个人也都不缺，只要是人，这些都是不可避免的。但是，内心强大的人可以不受苦。"由此可见，修炼强大的内心是祛除焦虑的根本良方。毕竟，一个内心强大者，其具有开放的意识与开放的心态，对于任何不同的声音，他都能够听得进去，然后依自己的逻辑、常识、直觉、经验以及科学的方法去检验，所以他们对他人的冒犯性行为和话语不会轻易动怒，而且会理智和谐地解决与他人的冲突和矛盾。

张德芬说，内心强大，才算是真正的强大。只有内心强大了，才能不被动、不失控、不受伤，才能在险恶的环境中笑得云淡风轻、走向自信有力，才能无视各种羡慕嫉妒恨，做到不生气、不抱怨、不焦虑。

当然，我们要修炼一颗强大的内心并不是件容易的事，在生活中需要从以下几个方面去努力：

1. 培养自信。自信是一种健康的心态，容易让人养成一种积极正面的情绪。在这种心态下，人们往往充满乐观和朝气，做起事来也更有劲头，能够提升工作效率和效果。工作效率得以提升，我们便会心情愉悦，不会焦虑。

2. 经常净化你的心灵。我们的脸一天不洗就会蒙上灰尘，心灵也是如此——只有经常净化一下心灵，才能扫去其中的阴霾，让自己充满热情，积极乐观，用微笑面对人生。

3. 懂得放下。每个人每天都会经历很多事，有开心的，也有不开心的，但无论怎样，都别将这些事放在心上——懂得放下，放下心中的痛苦与压力，才能让自己轻装上阵，过好每一天。

4. 学会不在意。遇事别太往心里去，很多事情只要你在意了，你就彻底败了。生活中，可能有人会故意气我们，我们在意了就正中人下怀。其实，事情的好与坏全取决于心态，我们在意了心就会受伤。所以，我们只有学会不在意，才能活得轻松快乐。

5. 要学会承受。如果你遇事很在意，忘不了又放不下，那么就学着去承受吧！这个过程虽然很痛苦，但只要我们咬紧牙关，挺过去，让岁月为你疗伤，随着时间的推移，我们就会慢慢地恢复的。过了这一关，我们的心理承受能力就会提升，人也会慢慢变成熟，内心自然就强大起来。

永远别把快乐的钥匙交给旁人

每个人心中都有一把快乐的钥匙,但我们却会不自觉地将它交给旁人去保管。

我们经常听到有人会有类似的抱怨:"我最近过得很不快乐,因为朋友的误解让我焦虑极了。"他其实是把自己快乐的钥匙交到了朋友手中。一位员工说:"我今天很焦虑,被客户坚决地回绝了!"他其实是把快乐的钥匙交到了客户手中。一位妈妈说:"我的孩子真不听话,气死我了。"她其实是把快乐的钥匙交到了孩子手中。一位男人说:"真是丧气,老板总是对我冷言冷语,工作真是太过压抑了。"他把快乐的钥匙交到了老板手中……

在生活中,很多人都在做同一件错误的事,就是让他人来控制自己的心情。当我们允许他人来掌控自己的心情时,便会在工作和生活中不停地抱怨、发怒、情绪焦虑,有些人甚至还会患上忧郁症,在悲观、怨恨和焦虑中一蹶不振。

哈伦斯是一家著名杂志社的心理学顾问。一次,哈伦斯与朋友一起去报摊买报纸。交完钱后,朋友礼貌地对卖报人说了一声"谢谢",但卖报人却阴着脸,态度极为冷淡,没有一句客套话。

"那个家伙真是讨厌极了,不是吗?"在回家的路上,哈伦斯抱怨说。

"是啊!他每次都这样,很少对人笑。"朋友漫不经心地说,丝毫没有生任何气。

"那你为什么还要对他那么客气呢?"哈伦斯有些疑惑,为朋友打起了抱不平。

朋友微微笑了一下,说:"我为什么要让他决定我的情绪呢?"

内心强大的人懂得牢牢地握住自己快乐的钥匙。他不会期待别人带给他快乐,还能自我把控并把快乐和幸福传递给他人。这样的人时刻都是情绪的主人,不以外界的人和物的影响而悲喜。

一天,张苏因为与同事处不好关系,心情烦躁,便去找自己的大学老师聊天。见面时,张苏表现出一副愁苦的样子,向老师感叹自己虽然满腔抱负,但因为在工作中表现得太过积极和热心,总受那些混日子同事的指责和排挤。

老师听罢,哈哈一笑,沉默不语,只是端盆水果递给他吃。张苏因为心情烦躁,摆手说自己不爱吃水果。老师还是让他吃水果,张苏仍旧摇着手不接。老师仍旧微笑着,放下果盆,对他说:"看看吧,你不接的话,我还得收回来!就像别人在背后指责你,你如果不为此所动的话,那些话不是还得被说话者收回去吗?"

张苏猛然醒悟:别人的指责和谩骂,如果自己不当回事的话,对方怎么能伤到自己呢?恐怕伤到的只是他们自己吧!

的确,为他人的言行生气,是拿别人的错误来惩罚自己。别人对我们冷漠也好,恶语相向也好,其目的就是让我们难受、生气、愤怒甚至焦虑,如果我们果真去生气、焦虑,不就正中了对方的下怀么?而如果我们全然不去理会,那受惩罚的自然就是对方了。

在任何时候,我们都无法阻挡别人的行为,唯一能把握的只有自己。因此,我们要将快乐的钥匙紧紧地握在自己手中,绝不能将它交给别人。

另外，我们也可以尝试用以下方法去平衡自己的情绪：

1. 当因为别人生出坏情绪时，我们可以用下面几句话告诫自己：生气，是拿别人的错误折磨自己；焦虑，是拿别人的过失折磨自己；忧虑是用虚拟的风险惊吓自己；自卑，是拿别人的长处诋毁自己。默念几遍后，你也许就会释然。

2. 当坏情绪袭来时，我们可以这样问自己：我为什么要焦虑？我这样能从根本上解决问题吗？我因为别人生气，不是在跟自己较劲儿吗？这样问过自己之后，我们的坏情绪可能就会有所缓解。

世上没有任何事是值得担忧的

著名诗人安瓦里·索赫利在其诗中这样写道："让世俗的万物从你的掌握之中溜走，不必去忧心，因为它们没有价值；尽管整个世界为你所拥有，也不必高兴，尘世的东西只不过如此；我们该从自己的心灵之中找归宿，快一些，无物有价值。"

世界的万物都是过烟云烟，我们无须为所有无价值的东西去忧虑，活在当下，寻求当下的快乐才是生命永恒的真谛。但是，在现实生活中，很多人却不懂得这个道理，整天让无谓的忧虑去缠绕自己的内心。

在春秋时代，有一位杞国人，总担忧有一天会突然天塌地陷，自己无处安身。他为此事而愁得成天吃饭不香，睡觉不宁。

一位朋友得知他的忧虑后，为他的健康担忧，特意开导他说："天，不过是一些积聚的气体而已。而气体是无处不在的，比如你抬腿弯腰，说话呼吸，都是在气体中活动，为何还要去做无谓的担忧呢？"

那个杞国人听了，仍旧心有余悸地说："如果天是一些积聚的气体，那么天上的太阳、月亮、星星会不会掉下来呢？"

朋友继续开导他说："太阳、月亮、星星，也都是一些会发光的气团，即使掉下来了，也不会伤人的。"

可是，杞国人的忧虑还是没有完。他接着问："那要是地陷下去了呢？又该怎么办？"

朋友又开导他说："地，不过是些堆积的石块而已，它填塞在东南西北四方，没有什么地方没有石块。比如，你站着踩着，那都是在地上行走，为何要担心它会陷下去呢？"

这是大家熟悉的杞人忧天的故事。它指的是人为毫无意义的事情担忧，就完全是在消耗精力，拿虚无的念想来折磨自己。

在生活中，我们很多人似乎也在"杞人忧天"：夜很深了，我们心中总缠绕着无尽的忧虑，似乎全世界的重担都压在我们肩膀上一样。如何才能赚更多的钱？怎样才能得到一份薪水更高的工作？如何才能拥有属于自己的一套住房？如何才能获得上司的信任与好感？如何做才能搞好与同事们之间的关系？……我们脑中有如此一串串的烦恼、难题与亟待要做的事在那里滚转翻腾。我们开始意识到，真该休息了，不然明天又该迟到，这个月的奖金又没了……便开始有意识地控制自己，但最终那些一串串的思绪还是东飘西荡地翻滚起来：明天的粮食会不会涨价？明天上班该穿哪一件衣服？这一夜仿佛真的无法入睡了！

此时当务之急，我们就是要采用一种简单有效的方法让自己能够睡得着。我们需要在内心不断地对自己说"不要怕，一切由它去吧"、"一切都会好起来的"之类的话。每说一次，做一次深呼吸，然后放松！对自己说那些话的同时，我们心里也要这样想，将心中的恐惧、烦恼、仇恨、不安全感、内疚、悔恨与罪恶感从心中腾空，以便有足够的空间获得内心的平静。心灵上获得了平静，也就意味着体味到了生命的真谛，也就意味着焦虑消失了。

当然，我们说不要为未来忧虑，并非说全然不为未来考虑。这就需要我们分清楚忧虑与计划的区别，虽然两者都是对未来的一种考虑，但计划是明天的行动指南，有助于自己更有步骤地实现未来的活动，而忧虑则是我们对未来可能发生的事忧心忡忡，不知所措，它是一种消极的情绪，也不会为未来的事产生积极效果，只会浪费我们当下的宝贵时光——正因为如此，我们要尽力地消除焦虑。

最后，要记住一点，世上没有任何事情是值得忧虑的，绝对没有！我们可以让自己的一生都在对未来的忧虑中度过，但我们要知道，无论你多么忧虑，甚至抑郁而死，那也无法改变现实。

你所忧虑的事，其实来自想象而并非现实

很多焦虑都源于人们对概率事件的担心。比如，有些人总害怕有一天会地震，有些人害怕有一天会被癌症找上门来，有些人害怕亲人会突然离开自己……这些人每天都花时间去想那些"惊天动

地"的"大问题",但他们所担忧的,很多时候只是一种空想——那些可怕的事情根本不会降临在他们身上。

沈香是个平静、沉着的女人。朋友对她的评价是"从来没有为没发生的事而忧虑过"。事实上,她曾经也是一个极度忧虑的人,后来因为一句话改变了她,使她不再忧虑。

沈香的生活曾经差点被忧虑所毁掉。她在自作自受的苦海中生活了整整11年。那个时候,她的脾气很坏,很急躁,每天的情绪都很紧张,甚至在外出去买东西时也会想到许多可怕的事:也许房子被烧了,也许佣人跑了,也许孩子们被汽车撞死了……一想到那些可怕的事情,她就吓得冷汗直冒,不得不立即冲出超市,跑回家去看看一切是否都安好。而实际情况是什么事也没有发生。这种焦虑状况也曾彻底摧毁了她的第一段婚姻。

沈香的第二任丈夫是律师。他很稳重,有分析能力,从不为任何事情忧虑。每当沈香紧张或焦虑时,她丈夫就会说:"不要慌,让我们好好地想一想,你真正担心的到底是什么呢?我们分析一下概率,看看这种事是不是有可能发生。"

在夏季的某一天,他们开车到郊外的山区去露营。晚上,他们把帐篷扎在海拔2100米的地方,突然遇到了暴风雨。在大风中,帐篷抖着、摇晃着,发出尖厉的呼啸声。沈香每分钟都在想:帐篷要被吹垮了,要飞到天上去了……当沈香被吓坏时,她丈夫不停地安慰她:"亲爱的,我们有几位朋友是资深向导,他们对这里了如指掌,他们说在山里扎营已有六七十年了,还从没发生过帐篷被吹跑的事。根据概率,今晚也不会吹跑帐篷的。即使真吹跑了,我们也可以躲到别的帐篷里去。你不用紧张。"

见丈夫如此镇定，说话语气如此肯定自信，沈香焦躁不安的情绪逐渐平静下来。那一夜，她睡得很安稳。当然，什么事情也没发生。

生活中有许多人像沈香那样，整天为没发生的事过分地担忧，毁掉了自己当下美好的时光，最终却什么事也没有发生。

乔治·库克曾说过："几乎所有的忧虑和哀伤，都是来自人们的想象而并非来自现实。"事实上，如果我们回顾自己过去的几十年，就会发现我们所忧虑的大部分事都没有发生过，许多烦心和忧愁都是我们给自己绑的绳索，是自我设置的虚拟精神陷阱对自己心力的无端耗费。

我们怀着忧愁度过每一天，设想自己可能遇到的麻烦，只会徒增烦恼。实际上，等烦恼真的来了，再去考虑也为时不晚——别忘了人们常说的那句话："车到山前必有路，船到桥头自然直。"

今天如同一座独木桥，只能承载今天的重量，假若加上明天的重量，必定轰然倒塌。活着的本分就是做好今天的事。我们不要想太多有关未来的事，不要顾虑太多，只要好好地享受、欣赏现在的生活就行了。

事情本身无关好坏，纠结的是人心

有一位妇人总担心老公会有外遇。当她去健身房时，有熟人悄悄地对她说："你要小心哦！最近，我经常看到你老公在外面游荡，鬼鬼祟祟的，十分可疑！"

妇人一听就急了，赶快请了一个私家侦探去跟踪老公，想知道他到底在哪儿"偷腥"。第二天，妇人就打电话给侦探，问："我老公下午去了哪里？"

侦探道："他下午到过一家时装店，一家女式皮鞋店……"

"他去那里干什么？"妇人迫不及待地问。

"他是去跟踪你的，夫人！"侦探回答说。

这位妇人因为自己的疑心而置自己于担忧与紧张之中，看似有些可笑，却是现实生活中很多人的真实写照。

试想一下，在生活中，有多少人的焦虑不是由自己的内心凭空"造"出来的呢？有些人总会觉得配偶对自己不忠，有些人总会觉得自己孩子考不上好学校，有些人总会看不惯朋友的言行，对周围人的"不良行为"愤怒不已……

事实上，这些人不快的根源在于他们的内心，而非生活事实或事情本身。也就是说，事情本身无关好坏，纠结的是人心。正如星云大师所说，"心"是一切之源，人的快乐和苦恼都源自那里，你若成不了心态的主人，无论在哪里都会沦为情绪的奴隶。

晓梅今年32岁，长相漂亮，受过良好教育，能干历练，在一家大型集团公司任职。按照常理来说，她应该活得乐观、舒心才是，但事实上，她内心总被痛苦的情绪包裹着，苦不堪言。尤其是最近，她总会莫名地发火，看谁都不顺眼，见谁都不想搭理，觉得同事做事太过幼稚，说话太过俗气，穿衣服太没品位，吃饭吃相太难看，说话声音难听，行为举止太没教养——似乎每个人身上都有一大堆她无法容忍的毛病。

晓梅认为，与那些人在一起工作简直是受煎熬。她从不怀疑自己的工作能力，但对于是否要继续在这里待下去下不了决心。因为自大学毕业后的八年里，晓梅曾经换了三次工作，而且每一次她都是因为忍受不了同事的"坏习惯"而离职的。

最近，她又在考虑换工作了。可是，她也明白，无论在哪里工作，她都难以让自己开心起来。

事实上，我们纠结的并不是周围的人与事，而是我们的内心。与其抱怨周围的环境，不如静下来先反思自己，控制自己的情绪，改变自己的心态。因为，一个能控制自我情绪的人，才能真正地成为自己的主人，才能不为外界的人与物所干扰。

对此，我们可以从以下几点努力去祛除焦虑：

1. 当因为某件事而陷入焦虑之中时，我们可以警示自己：乐观的情绪会给人带来快乐明亮的结果，而悲观的心理则使人不管得到什么都不会快乐，而这一切都是由个人的内心决定的。悲观是自己酿造的苦酒，怨不得周围的任何人与事；快乐来自于我们的内心，它并不是借助于外物就能够得到的。我们明白了这一点，就会释然许多的。

2. 经常告诫自己：快乐也是一天，悲伤也是一天，与其烦恼地过，不如快乐地活。而快乐与悲伤都是由我们内心所生，我们要想获得快乐，就应该尽早地消除内心的烦恼和痛苦，把内心的阴郁情绪打扫干净，让自己快快乐乐地过完当下的时光。

3. 对于无法左右或改变的事情，我们要懂得随缘，这是获得内心自在的一种重要方法。当然，随缘并非是指要得过且过，不求上进，而是要"尽人事，听天命"，尽自己最大的努力，做一切自己所能做的，剩下的交给"老天爷"。

专注当下是摆脱纠结最好的办法

如何摆脱焦虑纠结呢？我们在为纠结的事情焦虑的时候，切忌"目光远大"、"畏首畏尾"，一定要学会"鼠目寸光"，把眼下该办的事情做好。这样，所有的焦虑都会在你往前走的过程当中自然地化解掉。

也就是说，要摆脱纠结，最好就是把注意力集中于当下，别为没有发生的事情而空担忧。

比如，有位朋友跟你借钱，你舍不得，怕对方借了不还，失信于你，可又怕得罪他，如此一来，纠结就来了。遇到类似的事，你应该仔细地分析一下纠结的具体原因——你纠结是因为把对方想得太坏了，害怕对方不还钱，所以才会产生矛盾心理。

此时，你完全可以将注意力放在当下，别管以后发生的事情——只要你往前走，你会发现根本没有矛盾。

比如，一位男孩最近爱上一位女孩，却遭到了自己父母的坚决反对。如果他跟女孩在一起，就是对父母不孝；如果他跟父母站在一边，就断送了一段美好爱情。为此，他极为烦恼和纠结。该怎么办呢？解决这个问题其实很简单——该爱那个女孩你就去爱，该结婚就结婚；同时，该孝顺父母还得孝顺父母，哪有父母会记恨子女一辈子的呢？

很多矛盾或者纠结的产生就是你把未来可能发生的事情调到

了现在。在这种状况下，专注于当下的时光就是破除纠结最好的办法。

一位行人问一位老师傅什么是最好的修行。老师傅说："困来睡觉，饿来吃饭。"

行人听罢十分奇怪，说："如此简单的事情，每个人每天都在做的啊！怎么就能算是最好的修行了呢？"

老师傅说："每个人都能吃饭，却不会好好地吃饭——千般地去计较过去的事；每个人都会睡觉，却不懂如何去好好睡觉——心中充满百般思虑。过于计较，过度思虑，不专注于当下的事，人只会被内心这些虚妄的杂念所困扰，很容易失去自我，成为杂念之奴。"

事实上，这位师傅的意思是说，人生最好的修行就是专注于当下，不计较过去，不思虑未来，不成为杂念之奴。

我们要摆脱纠结，最好的办法就是肯专注于当下，一心向前，不为虚妄的事而担忧或困扰。正如一位诗人所说："攀岩的神秘就在于攀岩本身；你攀到岩顶时，虽然很高兴已大功告成，而实际上却盼望能继续往下攀爬，永不停歇。攀岩的最终目的就是攀岩，正如写诗的目的就是为了写作一样；你唯一征服的就是自己的内心……写作就是诗存在的理由。"因此，对每件事情做决定时，我们一定要专注于当下时光，享受事件本身的过程，而不过于去太计较所谓的结果，这样也就没有那么多纠结的心理了。

世上无事能伤到你，除非你自己愿意

这个世界上，除了死，其余的都是微不足道的小事。而在生活中，多数人在遭遇人生重大灾难之后，都会担忧、焦虑、伤心，甚至对人生产生绝望。事实上，无论你真正地遭遇什么，一定都要永远地记住：人生没有过不去的坎儿，只有想不通的人。这世上无事无人能伤得到你，除非你自己愿意。只要你的内心是阳光的，以正确的态度对待周围的一切，便能够度过所有的艰难困苦。

绍云出生于一个贫穷的小山村，19岁便与同村的人结了婚。她在25岁时，正好赶上日本侵略中国。日本人在他们家乡进行大扫荡，她不得不经常带着两个女儿和一个儿子过着东躲西藏的日子。村中很多人忍受不了这种暗无天日的折磨，想到了自尽，而她总劝他们说："不要绝望，人生没有过不去的坎儿，日本人不会永远都这么猖狂的。"

绍云终于熬到日本人被赶出中国的那一天，但是，不幸又一次找上了门。在那艰苦的抗战岁月中，她儿子因为极度缺乏营养，缺乏医药，生病夭折了。为此，她丈夫躺在床上不吃不喝。她流着眼泪劝慰丈夫："再苦的日子也要过。儿子没了，咱以后再生一个。人生没有过不去的坎儿！"

几年后，他们又生了一个儿子，但就在儿子半岁时，丈夫却因患水肿病离开了人世。在这样的打击之下，她最终还是挺过来了，将三个未成年的孩子揽到自己怀里，说："爹走了，娘还在呢！只要有娘在，你们就别怕，人生没有过不去的坎儿。"

于是，她一个人含辛茹苦地把三个孩子拉扯大了，生活也渐渐地好转起来。两个女儿也嫁了人，儿子也成了家。她逢人就兴奋地说："看吧，人生根本没有过不去的坎儿，走过去了，一切都变好了。"

她年纪大了，不能下地干活，每天就在家里缝缝补补，做做衣服。但是，上苍似乎一点也不眷顾这位一生都坎坷的妇女。她在照顾孙子时，不小心摔断了腿。因为年纪太大做手术太过危险，就一直没有做手术，她每天只能躺在病床上面。儿女们都哭了，她却说："哭什么，我还要好好地活着呢，人生没有过不去的坎儿！"

即便下不了床，她也没有怨天尤人，而是静坐在炕头上做针线活。她会织围巾，会绣花，会编织手工艺品。左邻右舍的人都夸赞她手艺好，还有人跟她学手艺。

她活到了90岁，在临终时，对儿女们说："你们要好好地过，人生没有过不去的坎儿。"

每个人都是在遭遇一次次的重创之后，才猛然发现自己是如此坚毅的。因此，我们人生无论遇到什么样的磨难，都不要一味地抱怨上苍不公，甚至从此一蹶不振。无论你遇到什么，你一定要记住：人生没有过不去的坎儿，只有过不去的人，一切的苦难，都会成为永久的过往，都会成为一种回忆。

除此之外，我们还可以用以下的方法安慰自己：

1. 遇事焦虑、痛苦、抱怨，不但于事无补，有时候还会使事情变得更糟糕。所以，无论现实如何，我们都应该扪心自问：我这样能解决现实问题吗?如果不能,那就马上使自己中止这种坏情绪。

2. 学会自省。总被负面情绪折磨的人,可能很难意识到他们的很多抱怨都是自己一手造成的!你的工作没做好,上司自然会找你麻烦;你不注意减肥,当然没有适合自己的衣服;你不看天气预报,被雨淋了又能怪谁?所以,当我们觉得自己被现实"伤"到时,不如先学着去反省自己。当我们了解到自身的缺陷和不足,分析问题的症结后并能对症下药时,就能发现生活原本很美好,是自己把它形容得苦不堪言。

当下所纠结的事,明天或许一文不值

在生活中,让我们懊恼、生气,置我们于烦躁、纠结之中的,往往大多是小事。如果当下的你正为一件不起眼的小事纠结、烦恼,那么,请你把目前你所面对的情况假想成一年后的事,然后,再仔细地询问自己:"这个情况真的有我所想的那么严重吗?"因为,目前我们所过于在乎的事,如果将它放在无限遥远的生命长河中,就显得非常轻微了。我们将当前纠结的事假想成一年后的,就可以摆脱因小事而带来的烦恼了。

因为老公一而再、再而三地背叛自己,沈眉坚决地与他离婚了。随后一段时间,她以泪洗面,沉浸在痛苦之中无法自拔。两周过去了,她才清醒地意识到,她与丈夫的缘分到了尽头,当下唯一的出路就是让自己强大起来。

她用水洗净脸上的泪痕，化好妆，然后用漂亮的字列出一张新的生活计划表：上午去学习简笔画，晚上练习水彩画。就这样，她依照计划表开始了新的生活。

半年过去了，她的气色好多了，人也变得精神了，而且已经能独立地设计令自己满意的作品，简笔画也画得让众人称赞——她觉得自己底气十足。

随后，她应聘到一家大型的广告策划公司，从普通员工做起。尽管收入不高，但这是她人生的一个新起点，她有足够时间和动力去挑战新工作。熟练的设计、优雅的衣着、卓越的能力，都让她成为一个魅力四射的女人。28岁后，她开始升职加薪，一直到设计总监。四年后，32岁的她拥有了自己的一家广告公司，并赢得了一位优秀男士的爱情。

沈眉的生命又重新焕发出热情来。当下的她每当回忆起离婚的事情来，心中再也感受不到伤痛，有的只是感激——正是那个不信守承诺的男人让她真正地强大了起来。

事实上，我们每个人都是如此，我们当下所痛苦和担心的事，在漫长的生命长河中，不过是一粒不起眼的沙粒罢了。无论今天我们跟爱人吵架，跟小孩闹脾气，或者跟上司、同事起冲突，甚至是自己犯了一个致命的错误，一个机会的丧失，一个遗失的皮夹，一个客户的拒绝等，一年甚至几年后，它们都会统统地在你生命中被遗忘，就算有人提及，我们可能也不会真正地在乎它们了。

人生不是等价交换，凡事都不必去斤斤计较。很多时候，我们在当初曾让自己过于在乎而痛不欲生的事，对若干年后的自己只不过是随手可以丢弃的"垃圾"罢了。例如，我们再回首一下自己曾经走过的路时,就会发现,当初那些让我们觉得天都要塌的困难,在现在看来只不过是一些鸡毛蒜皮的小事而已;当初那些让人感到快要窒息的斥责,现在看来也显得极为可笑;过去那些令自己万分痛苦的事情,现在也只是供自己茶余饭后闲聊的一个话题罢了……

一切的一切,都已经成为永远的过往。再痛苦,再不幸,也只是生命中一个过往而已,只要将心灵放大一些,不要将那些不快留在我们眼前或者心中,一切都会成为永久的过往。不要太去计较眼前的一些痛苦和烦恼,那只会缩小我们的内心,心小了,如何能装得下未来的大千世界呢?

体察自己的情绪,养成自制的习惯

维特斯·迈克是一家知名保险公司的经理人。他一生获得的奖牌堆积如山,取得的战绩极为显赫,这些都与他"自制"的习惯有极大关系。

其实,在刚开始做保险时,维特斯也曾遭受了万千次羞辱,但无论别人如何对他,他总能保持镇定,不急不躁,以笑脸相迎。正是他这种乐观、积极的人生态度,让他赢得了众多客户的青睐。

在一次记者会上,他说:"在几年前的一天,我在一家证券所门口,发现一位穿黑大衣的中年人,心想这位先生应该用得着医疗意外保险,于是就决定在门口等他。"

"快到中午时,那位先生果然缓步下楼。我立刻前去递名片,问：'您要保险吗？'那个人顺手拿起名片，将嘴里的槟榔汁吐在上面，随手一揉，丢在地上，顺便附上了一句骂人的脏话。我当时有些气愤，但只好默默地走开，没有与对方争执，并这样安慰自己：'拿我名片的人将来肯定会有福气的。'"

迈克称自己的脾气其实并不好，之所以能承受数以万计的白眼、怒骂与轻视，是因为他认定自己从事的是"爱心传递工作"。他父母晚年经常卧病，医疗费几乎拖垮全家。他不能让别人也承受这样的痛苦。秉持着这样的工作理念与执着，每当负面情绪涌上心头时，他就不断地告诉自己："放下。"

维特斯事业的成功和生活的快乐无不与他的自制习惯有着密切关系。美国情绪管理专家帕德斯指出，平时锻炼自己控制情绪的能力，养成自制的习惯，十分有助于在情绪发作时拥有良好的反应能力。

当然，我们要控制好自己的情绪，一定要时常去体察自己的情绪，即经常提醒自己注意"我现在的情绪怎么样"。比如，当我们因为朋友约会迟到而对他冷言冷语时，就问自己："我为什么要这么做？我现在有什么感觉？"如果我们觉察到自己已经对朋友三番两次迟到而感到生气，就可以将自己的情绪好好地加以处理，比如，一个人对着大山喊叫，让压抑的情绪发挥出来。毕竟，学着经常体察自己的情绪是情绪管理的第一步。

同时，体察自己的情绪，我们也要学着适当去表达自己的情绪。我们之所以生气可能是因为他让我们担心。在这样的情况下，我们可以心平气和地告诉他："你已经过了约定的时间，好担心你会发生什么意外。"把这样的感觉传递给他，就可以让他体会到我们的感受，而我们也能慢慢地抚平自己的情绪了。

第三章
换一种心态,焦虑便会云开雾散

焦虑情绪源于我们内在的苛求、固执、完美主义等心理症结。我们要平衡好自我情绪,祛除焦虑,就要懂得变通,能够换一种态度,转一个角度,去看事情。因为变通代表新的思维方式和观察世界的新视角。

换位思考一下，你的心情就会不一样

很多时候，我们焦虑、痛苦、愤怒往往不是源于问题本身，而是因为我们过度坚持自己对问题的看法而产生的。不同的人在看待事情时的角度也往往截然不同，我们能站在他人的视角上对自己的观点或者做法进行审视，是我们能有效地回避痛苦、减少挫折的最佳方法。

今年14岁的凯瑞问老师："我如何才能成为一个能让自己愉快，也能带给别人快乐的人呢？"

老师告诉他说："第一是要把自己当成别人。这样，当你欣喜若狂时，把自己当成别人，那些狂喜也会变得平和一些。第二是要把别人当成自己。这样就可以真正同情别人的不幸，理解别人的需要，而且在别人需在帮助的时候给予最恰当的帮助。第三是把别人当成别人，即为要充分尊重每个人的独立性，在任何情形下都不要侵犯他人的核心领地。"

这段对话揭示了人对自己的认识过程就是一个从自我本位向他人本位转移的过程，而实现这一过程的必要条件就是换位思考。

所谓换位思考，就是从对方的立场和角度去考虑问题。在现实生活中，需要我们换位思考的事比比皆是，例如，家长与老师之间、老师与学生之间、批评者与被批评者之间、上级与下级之间等。如果我们凡事都能做到换位思考，站在他人的位置上考虑问题、处理事情、解决矛盾，那么，我们与他人之间就会多一分和谐少一分气愤。对内心而言，我们也会少一分焦虑不安。

《马太福音》中说："你们愿意别人怎样待你，你们也要怎样待人。"换位思考是人类经过长期博弈，付出惨重代价后总结出的黄金法则。没有人是一座孤岛，社会是一个利益共同体。我们不能用自己的左手去伤害右手，我们是同一棵树上的叶和果。克鲁泡特金在《互助论》中提到：只有互助性强的生物群才能生存，对人类而言，换位思考是互助的前提。

一位哲人说，大部分时间里，人与人之间的争吵完全是可以避免的，其万能的法宝就是学会换位思考，让自己经常站在他人的角度去想一想。

在日常生活与工作中，我们难免会遇到意见不同甚至对立的一面，双方应本着商量与探讨的原则去解决问题——唯有如此，能让误会与憎恨减少。

1. 拥有辨别对错、是非的能力

要进行换位思考，首先要拥有辨别对错是非的能力。不同的环境、人生观与不同的思维方式甚至于不同的身份之下，都决定了个人思考角度的不同。要想在纷繁复杂的社会中让自己进行换位思考，首先要提升个人能力，让自己拥有对与错、是与非的辨别能力。唯有如此，我们才能在进行换位思考时，不至于让自己被各类情绪所影响。

2. 先冷静，再换位

进行正常思难的前提是让自己清醒和冷静下来，而换位思考并非在任何一种环境下都能够做到。在正常情况下，一旦受到他人观点、看法的冲击，人就很容易被情感冲昏头脑。为了达到自己所期望的状态，我们往往会过度坚持自己的意见——哪怕这种意见本身是错误的。

3. 认识到自我思维的局限性

所谓换位思考，即主观地站在对立面的角度去考虑、发现问题或者观点的正确性，避免因为考虑问题的主观性使自己的观点缺乏客观的普遍性，产生片面的结果或者决策。在思维的主观与客观间，我们应该明确地认识到自我思维拥有着片面、独断的特点，可能自己的某些想法与思维还存在着不具备现实可行性的思维方式，而换位思考则可以使我们观点中的主观性进一步淡化，令我们在考虑他人的看法时，进一步全面认识自我观点，使其更容易被普遍接受。

4. 换位思考并非代表全盘接受他人的观点

当我们利用自身智慧与常识发现对方的观点是错误的时候，我们完全可以坦然告之，而当我们站在对方的立场上考虑问题，并发现对方观点存在的合理性后，再通过那些观点进行整合，则更有利于获得全面的观点。当不断地与他人进行观点交换时，我们的观点会日趋成熟、日益具备客观性，别人也会更容易接受我们的观点。

为了没有鞋而哭泣时，你不妨看看那些没有脚的人

我们总会莫名地为当下的境遇而焦虑不安：奋斗了几十年，仍旧一事无成；年龄大了，仍处于单身状态；在外漂泊十几年，仍然买不起一间房子，过着居无定所的生活……

我们总爱抱怨自己拥有的太少，总羡慕别人家财万贯、位高权重，却从来没想过，当我们拼命仰着头希望得到更多的时候，低下头来看到的却是比我们更不如意的人。人就是这样，越是得不到的东西越想要，对于自己现在所拥有的视而不见不说，还只知道抱怨老天对自己不公，永远不知道满足。

当我们为工资没有增加而埋怨、苦恼时，有些人还在为找一份糊口的工作而四处奔波；当我们还在为不能穿一双像样的鞋子而感到难过时，有些人却根本没有脚。所以，我们不要总抱怨上帝给得太少，因为相比很多人，我们拥有的已经很多了。

海伦·凯勒说，生活中，很多时候我们在哭泣自己没有鞋子穿的时候，抬头一看，发现周围有人没有脚。你所拥有的，可能正是别人所羡慕的。虽然没有大房子住，可是我们不用像乞丐一样露宿在外；虽然没有太多的财富，但我们却不会像非洲难民一样需要别人的救助才能充饥；没有美丽的身形，但我们却拥有健康的身体……只要你懂得珍惜，生活中处处有福气。

一个人幸不幸运，快不快乐，并不在于金钱、利益占有的多少，

而在于一个人对待生活的态度。

人往往只会看到自己的不幸,感受自己的痛苦,但放眼看看自己周遭的一切,或许我们会发现自己其实是幸福的。知足者常乐。如果一个人懂得知足,他一定是快乐的,相反,如果不懂知足,拥有越多烦恼也会越多,只有知足,才会快乐。

很久很久以前,有一个非常富有的国王,全世界的金银珠宝他都唾手可得,可他一点都不觉得快乐。为此,他昭告天下,寻找世界上最快乐的人。一年过去了,又一年过去了,一天一个大臣带来了一个风餐露宿的乞丐——他看起来几乎从来没有吃饱穿暖过,但脸上始终挂着平静的微笑。国王诧异极了,问:"你为什么如此快乐?"乞丐想了想,说:"我也曾经为了自己没有鞋穿而感到沮丧,直到有一天我遇见了一个没有双脚的人,我才懂得自己是多么的幸福……"

国王愕然。从此,他像变了一个人似的,积极乐观、勤于国政。

有位哲人说:"在这个世界上,你是自己最好的朋友,你也是自己最大的敌人。"当你接受自己、热爱自己时,你的心里就充满了阳光;而当你排斥自己、讨厌自己时,你的心灵就覆盖着冰雪。你要知道,微不足道的一点烦恼也可以染黑你的生活。

现实生活中,有很多人希望事事做到完美,人人都能赞许他。但当这种想法不能实现时,他们就很轻易陷入不如意的境地,觉得自己是"全世界最倒霉的人"。这事实上是自找烦恼。

也许我们并不确切地了解自己幸运与否。事实上,想想吧,我们还是很幸运的,我们有健康的身体,健全的人格,有爱着我们的亲人,还有可口的饭菜吃……只要肯用心去面对,用心去体会,我们当下拥有的就足以幸福一生了。

当我们感到不如意时，我们可以采用以下几种方法祛除焦虑：

1. 当为自己当下的不如意感到焦虑不安时，扪心自问：我为何会焦虑不安？我当下的境遇真的是最差的吗？与过去的自己相比，是不是现状已经大大得到了改善？要知道，人不要总想着和别人比，因为人与人毕竟是有差距的，我们如能摆正心态与之前的自己比较，就能找回自信来。

2. 全面看待问题。当我们看到别人成功而心生忌妒或羡慕的时候，是不是应该想想别人在成功之前付出了多少，有多少的苦难和艰辛让他们流泪？当我们看到别人成功的全过程时，也许就不会心理不平衡了。

3. 我们觉得境况不如意时，要想到自己也许是也在被别人所羡慕和忌妒着。这样幸福和快乐就会回到我们身边了。

别太苛求，不完美才是常态的美

不难发现，生活中那些"完美主义者"最容易陷入焦虑的泥潭：为了追求一个完美的工作方案，他们将自己置于焦虑的状态中；经常对自己或他人感到不满，经常挑剔自己或他人所做的任何事；为了追求一个精致的妆容，他们不惜花费大量时间，最终却还会因为这样或那样的缺憾而失望……总之，他们事事都追求完美，稍有不如意就会产生不满，负面情绪也随即而来。

要知道，金无足赤，人无完人，世间万物都是有缺憾的，人人都是有缺点的。在生活中，如果我们一味地苛求完美，就只能让自己心生浮躁，最终不仅达不到完美，还会让自己体味到更多失望与痛苦，为焦虑情绪所笼罩。

任何事物的发展都是相对的。即便这一面看似完美了，另一面也难免会有残缺，就像许多爱岗敬业的工作狂，他们一味地想在事业上追求完美，不惜付出所有的精力与时间，以求换来年度最佳工作者、单位优秀个人等一系列完美的回报。而事实上，他们却丢掉了家庭、丢掉了健康。对于事业来说，工作狂可以说是做到了完美，而对于家庭和自己的健康呢？

不可否认，追求完美是人的一种心理特点，或者说是人的一种天性。这本身并没有什么不好。人类也正是在这种追求中才不断地完善自己，创造出了这个五彩缤纷的世界。但是，凡事都要适度，如果因为缺那么一点点而耿耿于怀或顽固到底，就过犹不及，让自己深陷焦虑了。

同样地，事物有不尽完美的地方，人也都是有缺憾的，只有放宽心，生活才能变得更为美好。再者，事事都追求完美，并不一定能带来成功。

在一座山上的寺庙里住着几个和尚。有一天，老和尚觉得自己时日不多，便想从弟子中找一个接班人来接替他，但是，他的弟子个个都很优秀，他也不知道选择谁最合适。

几天后，他把所有弟子都叫过来，吩咐他们去寺院后面的树林里各自找一片最完美的树叶回来。所有弟子都不明其理，但是也都照师父的吩咐去做了。

到树林后，很多和尚心想，这么多的树叶，到底什么树叶才是完美的呢？大家都冥思苦想，也不知道什么样的树叶是完美的，但师父交代的事情也不能应付了事，更不能不做，于是，便在树林里仔细地找起来。结果，到天黑，他们累得气喘吁吁，也没能找到那片"最完美的树叶"，最终不得不空手而归。

其中有一个和尚心想：树叶这么多，每一片树叶又各自不同，什么样的树叶才是最完美的呢？于是，他在树林里随便捡了一片完整无损并且很干净的树叶带了回去，早早地回到寺院里。

到天黑了，老和尚见众人都气喘吁吁地空手而归，唯有这个弟子很平静地把一片树叶交给他，便问："你捡回的这片树叶是最完美的吗？"

那个和尚回答说："是的，虽然我不知道您说的最完美的树叶是什么样的，但我认为我捡回的树叶是最完美的。"

老和尚听后又问那些空手而归的和尚："你们都没有找到吗？"

那些弟子回答说："我们尽心尽力地在树林里找了，但是根本没有找到最完美的。"

最终，老和尚宣布那个捡回树叶的弟子为自己的接班人。

老和尚的众多弟子之所以没有找到"最完美的树叶"，其根源就在于他们没有弄明白世间根本不存在最完美的东西的道理。这时可能有人会说，我为工作付出了很多的精力，最终升了职，达到了自己的目的，不是一种完美吗？事实上，在很多时候，我们所追求到的这些"完美"，只是一个美丽的错觉。

任何一个人都不是十全十美的，也不可能做到每个方面都比别人强。实际上，只要有一方面特别优秀就十分了不起了，若要全面追求第一，追求完美，最终的结果就是连一个第一都拿不到。

哲人说："不求尽如人意，但求无愧我心。"在这个世界上，十全十美的东西是不存在的，追求完美只是一种憧憬，一个向往，只是生活的一个过程和体验而已，只要做到问心无愧就是一种完美了。

完美主义者，往往都想从99.9%跨越到理想中的100%，会为最终那0.1%付出多出正常标准很多倍的时间、精力等资源，最终劳心劳力，疲惫不堪，坏情绪如影随形。更何况，世界上100%的完美根本就不存在，我们所谓的完美只是一句极具诱惑力的口号，一个漂亮的陷阱。

"为山九仞，功亏一篑"虽然是一种遗憾，但"金无足赤，人无完人"却是一条亘古不变的真理。人生总会有不尽人意的事情，出现了缺憾，我们需要保持一颗平常心，对于各种得失、缺憾和成败都泰然视之。如此，我们才会发现缺憾就如那断臂的维纳斯一样，也是很美的，也就不会为了空中楼阁的完美而耗费自己的心血、深陷焦虑而不能自拔。

凡事爱较真，就是在跟自己较劲儿

生活中，有这样一种人：行事固执，事事都爱与人计较，凡事都爱钻牛角尖，于是凡事都不能使他顺心，他每天都生活在纠结、焦虑不安与愁苦之中。

行事固执，凡事爱较真，其实是在与自己较劲儿。这样的人，其思维是单向的、封闭的、经验型的，他们不是和别人争论，就是和自己较劲，因而会让自己经常处于不良的情绪状态之中，也经常搞不好人际关系。

董辉是中关村某高科技公司的销售总监，工作能力强。几年来，他带领手下做出了出色的业绩。他却是个不受领导和下属欢迎的人，因为他个性固执，事事爱钻牛角尖，也爱在小事上与人计较。

有一次，他让助理处理一个市场调查的报表。因为时间仓促，助理不小心就把一个城市的销售额漏掉了。他发现后，丝毫不留情面，当着众同事的面对助理大发脾气。旁边的同事劝他让他消消气，而他却丝毫听不进去，将助理平时工作马虎的习惯狠狠地训斥了一番。助理为此辞了职。

有时候，董辉还会钻领导的牛角尖，会为了一点小问题与领导争得面红耳赤。他对自己的工作是极其认真的，几乎没出过什么差错，即便是一件极小的事情，他都会将之处理得十分完美。他自己也不想在一些小事情上浪费时间，花费太多精力。但是，他一看到那些事做得不合心意，就会心中不安，然后对人乱发脾气。

最近，他时常感觉自己的心中像压了块石头似的，每天都惴惴不安，心神不宁，也不清楚自己怎么会莫名其妙地变成这样。

董辉的固执多源于他对完美的向往。在工作中，他心中根本忍不下缺点和缺陷，一发现有不完美的地方，心里就过不去，甚至动怒，哪怕是一件极小的无关紧要的事。

当然，固执的人，除了有完美主义倾向，其情绪也是极为固执的，认定的事就认为它是不可动摇的，对别人也缺乏基本的信赖感，只要别人与他意见不合，便会对之产生敌意和怀疑，因而常会因一些小事与人闹得不开心。

固执对于人的身心健康都是十分不利的。要改变固执的个性，远离焦虑不安的情绪，我们就要学会自我调节。

1. 拒绝完美，善于取舍

要知道，如果我们要将工作中所有的事都做到尽善尽美，不仅会影响工作效率，而且还会消耗掉自己大量的精力。在通常情况下，我们不可能让工作做得完美，尤其是对于那些重大的事情。因此，我们要将工作做到真正的完美，就要善于取舍，将那些不必要的、不重要的事情放下，这样就可以把自己的主要精力放在一些重要的事上，达到预定的目标。

2. 矫正自身的思维方式

要走出牛角尖，最主要的就是要改变自己不良的思维方式，要增强思维的灵活性，因为什么事物都不是铁板一块、一成不变的。同时，在思考的时候，我们要尽量地少用"必须"、"只能"、"唯一"、"一定"等有绝对倾向的词语，以防自己走入死胡同。

3. 换个思路解决问题

人在一味追究原因的时候，往往会失去判断力，解决不了根本的问题。如果能换个角度去看问题，也许会收到不一样的效果。因为，解决同一问题的方法是多种多样的，而且路线也不一定都是直线式的，我们有时候另辟蹊径考虑对策，有些难题就能够得到很好的解决。

4. 多参加大型公共活动

固执的人大多都是思维方式不灵活的人。对此，我们可以多抽空参加一些大型公共活动，开阔自己的思想和心胸，改变自己固执的思维方式。

踏踏实实地活好"有把握的今天"

心理学上有一种现象叫奥斯勒心态，是指人们总对未知的世界产生莫名的恐惧与焦虑感。一个人之所以会产生奥斯勒心态，就是因为面对的世界是一个完全陌生的环境，当我们离它越来越近，心里就会越担心自己是否能够适应那样的环境，因而顾虑重重、犹犹豫豫，内心充满焦虑感。

在生活中，多数人的焦虑情绪都是奥斯勒心态的一种反映。比如，有些人对未知的事情感到恐惧，有些人对一个陌生的环境感到无助，有些人对未知的未来感到慌乱等。我们要想克服奥斯勒心态，就要弄清楚它产生的根源。

心理学家指出，人们内心所产生的一切犹豫和恐惧都源于其内心顾虑太多，而那些顾虑往往对现实毫无益处。要摆脱奥斯勒心态的困扰，就要懂得用行动去驱散内心的"魔障"。也就是说，与其每天活在对未来的恐惧中，倒不如清空自己的大脑，放松自己的心灵，踏踏实实地活好有把握的今天。

在蒙特瑞医院有一名年轻的学生，他对自己的未来充满了恐惧：恐惧自己不能通过期末考试；恐惧明天会发生可怕的事；恐惧自己未来没有好前途；恐惧自己无法面对未来的生活……

后来，这个年轻人创建了世界知名的约翰·霍普金斯医院，成为牛津大学医学院教授，还被英国皇室册封为爵士。他就是威廉·

奥斯勒。

1913 年，威廉·奥斯勒在耶鲁大学发表演讲。他对耶鲁大学的学生们说，像他这样一个人，曾经在四所大学当过教授，写过一本很受欢迎的书，常常被人认为拥有"特殊头脑"，但其实不然，如他朋友都知道的那样，他的智力其实"最普通不过的了"。他之所以能够取得今天的成就，完全是因为 42 年前的一次偶然经历。那是 1871 年春天，他每天活在对未来的恐惧之中，直到他拿起一本书，看到那句话："最重要的就是不要去看远方模糊的事，而是要做手边清楚的事。"

讲到这里，奥斯勒停顿片刻，又讲起了自己几个月前的经历。在到耶鲁大学演讲前几个月，威廉·奥斯勒正在乘坐一艘轮船横渡大西洋。一次，他在舵房里看见船长按下一个按钮之后，整个轮船马上被隔成几个完全独立的防水舱。

随后，奥斯勒语重心长地对耶鲁大学的学生们说：你们每一个人的结构都比那艘轮船要精美得多，所走的路程也要远得多。所以，我希望各位学会怎样去控制生活，让自己活在一个"完全独立的今天"里面。按下按钮，用铁门把过去隔断在已经死去的昨天；按下另一个按钮，用铁门把未来也隔断在尚未诞生的明天。这样，你就确保了自己的今天是安全的。不要为明日的事情而恐惧，但是要为明天做好准备。最好的方法就是集中你所有的智慧，所有的热诚，把今天的工作做得尽善尽美，这是你能应付未来的唯一方法。

威廉·奥斯勒用自己的经历教育着人们，与其被奥斯勒心态困扰，倒不如把今天的工作做得尽善尽美。只活在今天里，并不是毫无计划的目光短浅，相反，活好今天正是对于明天未知情况的最好准备。因为，不论我们内心对明天如何筹划，都只是一厢情愿罢了，要想真正地改变未来，只有通过珍惜当下的时光才能做到，即将所有的行动都付诸"现在"——只有"今天"才是你可以把握的，充分利用好"今天"，你将会做许多事，而且还可以做得很好。

懂得珍惜今天并能够充分利用今天的人，就可以为自己选择一个自由的、成功的和充实的人生。

为了从此不再让烦恼纠缠自己，请立即行动起来吧！只有让自己切实地行动起来，才能让内心获得平静和充实，才能让自己把握机会，看到更为光明的未来。

营造个好心情，让自己学会"假装"快乐

英国小说家艾略特说："行为可以改变人生，正如人生应该决定行为一样。"在生活中，当我们被焦虑、恐慌等负面情绪纠缠时，不如让自己学会"假装"快乐，那么我们就真的会快乐起来。

关于此，心理学家认为，当你表现出焦虑的举止时，你就会有焦虑的感觉。你表现得越焦虑，焦虑的感觉就会越浓，并且这种感觉还会持续很久。

现代心理学大师威廉·詹姆斯博士曾经说："如果另一个人无法以意志来控制自己的情绪，那么你可以用你的意志来控制你的举止。与此同时，你的行为表现是什么样，你的感觉就是什么样。"也就是说，如果你想使自己感到快乐，你就要表现出快乐的举止；

你希望自己有成就感时，你的行为也应该很有成就。

人生就像是举止与反应的"实验室"，而印证我们行为的一种反应就是情绪。因此，找机会来发泄焦虑的做法并不会让焦虑的感觉离开我们，而是要假装让自己快乐起来，那么，我们就会真的感到快乐。

小洁是个悲观的女孩，无论生活顺心或者不顺心，都是唉声叹气的。于是，她决定让自己过得快乐起来，即便不快乐，她也要假装快乐起来。每天清晨起来，她都会对着镜中的自己大声说："今天真是个好日子。"即使昨天的坏情绪尚未恢复，她也会大声地这样说。

刷牙的时候，她会想着刷牙是一件非常愉快的事：牙齿将变得洁白干净，不会受到蛀虫的侵袭，口气清新。

洗脸的时候，她也会想着这是一件令人非常愉快的事：清水的湿润会使皮肤变得无比的舒畅。

……

她把身边每一件小事都想象成美好愉快的事物去享受，永远用积极快乐的心态去看待生活，这就是她拥有幸福的秘诀——假装快乐，你将会永远有一个好情绪。

人生不可能是永远快乐的，但请不要陷入愤怒、忧伤的情绪中，要学着放飞自己的心情。装出来的心情就像是具有魔法的如意，只要你告诉它"我要好心情！"如意就一定会如你所愿。

当然，装出好心情不是要自欺欺人，而是要学会控制自己的情绪。有时候，我们的情绪就像一个茶杯，在它装满了坏情绪的时候，好心情自然就不能再进入这个茶杯。而装出好心情就是把好心情倒进情绪的茶杯，让坏情绪不能再进入茶杯之中。就像我们常常逗眼泪汪汪的孩子说"笑一笑啊"，结果孩子勉强地笑了笑后，跟着就真的开心地笑起来。

一位哲人说，好心情也是需要经营的。生活中，每个人都有情绪失控的时候，这个时候，与其任情绪随意乱窜，扰乱了自己的心智，不如学会稍稍地收敛我们的坏情绪，"假装"很快乐，那我们就会真的快乐起来。

将挫折当成"咖啡"，喝了它能助你清醒

挫折是给人带来不良情绪的重要原因之一。生活遭遇变故，工作不顺，突然被单位辞退，恋爱亮红灯，婚姻失败等，都能将置我们于痛苦、焦虑甚至绝望的境地。

这个时候，与其让烦恼、痛苦、焦虑折磨我们，不如坦然地接纳它，将它转化为对生命的一次考验——咬紧牙关挺过去，你将迎来生命的辉煌。正如一位哲人所说，每个人的生命不可避免会遭遇雨天，甚至阴雨连绵的日子，真正的强者，都会将它们当成"咖啡"粉，把思考当成滚烫的热水，然后将两者煮成一壶咖啡，喝了它，让它助你清醒。更何况，我们人生中所经历的磨难、挫折等，也是生命的一种馈赠，它能让生命更顽强，人的技能更高超。

从前，有一位德高望重的老渔夫，有着极高超的捕鱼技术。老渔夫因为自小就善于捕鱼，很早就积累下了一大笔财富。然而，随

着年龄的增长，老渔夫却一点也不快活，因为他为三个儿子发愁——三个儿子的捕鱼技术都极为平庸。

为此，他向长年生活在海边的一位智者倾诉心中的苦闷："我实在弄不明白，我的捕鱼技术如此好，而我的三个儿子为什么没有一个能成才的？从他们懂事的时候开始，我就不停地把自己的捕鱼技术传授给他们。我从最基本的开始教起，告诉他们如何织网最结实、最容易捕到鱼，怎样划船才不会惊动水里边的鱼，怎样下网最容易'请鱼入瓮'等。等他们长大后，我又传授给他们如何识潮汐，辨鱼汛……我多年来辛辛苦苦积累出来的经验，都毫无保留地传授给了他们，但是，为何他们的捕鱼技术还不如海边那些普通渔民家的孩子？"

智者听了他的话，便问："你一直是这样手把手亲自教他们的吗？"

"是呀，为了让他们学会一流的捕鱼技术，我教得很仔细，很认真，从来没保留什么！"老渔夫回答说。

"他们也一直跟随你吗？"智者又问道。

"是的，为了让他们少走弯路，我一直让他们跟着我学习。"老渔夫说道。

智者说："这样说来，你儿子们的捕鱼技术就不会好到哪里去！你只知道传授给他们捕鱼技术，却从来没有传授给他们教训，也不让他们亲自下海多演练。没有经历任何艰险，他们如何能准确地领悟到你的那些经验呢？"

老渔夫的儿子们从来没有经历过任何磨难，没有遇到过任何挫折，他们如何能获得成长呢？在生活中，只有经历磨难的人，才能更快、更好地成长，生命也只有在不幸与困境中才能得到升华。在人的一生中，总会遇到灾难、失业、失恋、离婚、破产、疾病等各种各样的厄运，即便你比较幸运，没有遭遇，也可能会遇到来自生活的各种各样的压力和烦心事，当你面临或遭遇它们的时候，就一定要用一颗感恩的心去拥抱它们，正是它们才给了你更多成长和锻炼的机会，让你以更为坚强的心态去面对生活中的一切。

事实就是这样，没有经历过风雨折磨的禾苗永远结不出饱满的果实，没有经历过挫折的雄鹰永远不能高飞，没有经历过磨难的士兵永远当上不元帅……这些就是自然界告诉我们的极为简单的真理：一切事物如果要变得更为坚强，就必须要经历一些不幸和困境。

所以，生活中，当我们遇到挫折或磨难时，千万不要悲伤、叹气，将它当成咖啡喝下去，因为它能帮助我们更清醒地面对现实，并以坚定的信念去应对生活中的一切。

另外，当身陷挫折中无法自拔时，我们也可以用以下方法来勉励自己：

1. 在挫折中磨砺自己。挫折袭来，对我们来说，并不一定是坏事。要知道，舒适的生活使人安于现状、贪恋享乐，接纳挫折和磨难的考验，才能使人变得坚强起来。自古雄才多磨难，从来纨绔少伟男。痛苦和磨难扩大了我们对生活的认识范围和认识深度，使自己变得更加成熟；帮助我们认识人事关系的复杂性，通过总结经验，提升自己，使我们在调整和处理人际关系上学到更多的东西。如果这样去想，我们不安的情绪也许会得到缓解。

2. 让自己快速突出重围。当身处逆境中时，我们要尽力保持清醒的头脑，力求找出逆境出现的原因，以及解决问题的方法和途径。无论是主观上的过错，还是客观条件的改变，都会给我们带来麻烦，然而重要的问题是主动解决问题，这样就能避免过分地抱怨，从而获得突破。

缘分尽了，放手就是最好的成全

对于任何人来说，失恋都是一杯难咽的苦酒，尤其对情感细腻的女性来说，那种烙在灵魂深处的伤痛有可能一直伴随着整个生命旅程，那种焦虑不安的状态甚至会使人失去理智。

心理学家指出，人们对失恋不妥的应对方式会加深痛苦——它就像嘴里长的溃疡一样，越痛越要去舔，越舔又越痛。我们要解除痛苦，唯一可行的办法，就是学会豁达地放手，而不是在过去中沉沦自虐。人生的道路还很长，人生除了感情还有更精彩和重要的内容等着你去演绎，与其在痛苦焦虑中无法自拔，不如学着看淡一点，潇洒地转身，把自己收拾得漂漂亮亮，好好珍爱自己。

薄暮时分，一位中年妇女在公园的紫藤花长廊中，握着手机，不停地哭诉："事到如今，我还能怎么样？看在孩子的份儿上，我只能忍了。但是，没想到他仍旧如此无情，我现在连死的心都有……"接着，她又不停地抱怨那个男人是如何无情，这几年她又是如何辛劳。

原来，她丈夫有了外遇。她发现后，与其大吵大闹。丈夫一气之下，向他提出了离婚。如今的她欲哭无泪，焦虑难安，不知如何是好。

她肤色黯黄，一束凌乱的头发潦草地扎在脑后，臃肿的身材"盛"在暗黄色的水桶裙中，脚上很随意地穿了一双白色旧人字拖——这些颜色混搭起来，很不美观。

这些年来，她为丈夫操持家务，做饭、洗衣、带孩子，什么都做得很好，唯独忽略了自己。她的百般好都被她丑陋的打扮黯淡了。年轻时候的她是一个眉清目秀、毫无烟火味、瘦弱腼腆、不染尘埃、淡雅清秀的女子，与当下的她完全是两个不同的模样。

其实，很多人都会遭遇感情的伤痛，但无论任何时候，我们都要学会好好地珍爱自己——只有懂得爱自己的人，才会得到他人的珍爱。能与相爱的人相守一辈子，固然很好，如果真有不爱的一天，万一婚姻或爱情给你带来伤痛或失望，就不必再浪费时间去恨这个人，去和他争，和他吵——一生那么短暂，我们当务之急是赶快放下伤痛，好好地去珍爱自己，想办法让自己活得幸福，唯有那才是对对方最好的"报复"。

要知道，你的放手，一方面是成全了对方自由，另一方面也是成全了自己。人世间曾有太多令人心碎的安排，过于执着只会给彼此带来疼痛、悲哀和伤害。所以，对于缘分，我们还是顺其自然吧！

退一步海阔天空，学会放手，学会给对方以自由！给他爱你的自由，也给他不爱的自由，这样，不也正是一种美丽么？

生命的灿烂与辉煌并不是只有一个地方拥有。只要释然一些，放下过去，用一颗感恩的心看待过去并希冀未来，我们终究会看到另一番风景的。天涯何处无芳草，人间自有真情在，我们的柔情一定会有人读懂的。既然双方都疲惫了，不妨让彼此都休息一下，别在失去感情的同时，也失去了自尊。

这时，我们需要做的是，静静地坐下来，抬头看看天，看看树，再洗把脸，听支歌，读一段小诗，梳梳头发，照照镜子，看看里面那双眼睛是不是还过于炽热。如果还是焦虑不安，那么就反复告诉自己：我并没有失去什么，那些不属于自己的东西是注定得不到的。

一切人与事都不可能抵挡住时间的洪流，握在手中的，也要做好随时被带走的准备，包括感情。学着和气分手吧，过多的争吵和抱怨，只会让我们永不幸福。

时间是仁慈的，终有一天，我们会发现，这些怨过、恨过的光阴早已经成为时光随手可以带走的"垃圾"。

此外，当因为失恋焦虑不安时，我们也可以用以下方式来安慰自己：

1. 告诫自己，这个世界上没有永远的激情，没有一成不变的事物。人生好似花开花落，周而复始，没有永远不凋谢的花朵，没有永恒不变的感情！真爱一个人，不一定要拥有；真正的爱情，也不一定就会天长地久！如果我们爱一只鸟，就给它飞翔的自由，给它享受蓝天的自由，给它品味风雨的自由；爱一个人，给他爱的自由，给对方选择的自由和拒绝的自由。这才是爱情的最高境界。

2. 来一场说走就走的旅行。在路上，我们会感受到：人生的风景并不止只有一处，你在为逝去的美景哭泣时，眼前可能是一幅更美的画卷。我们要告诉自己别沉醉于过去的情感，失去意味着这段情感不适合自己，将会有一段更好的感情在等待自己。不回过头，我们怎能看到眼前的美景？不放下过去，我们怎么会获得自由？

抓住快乐的现在,与昨天的不幸"决裂"

人生中的不幸在所难免。但是,很多人总会沉浸在过往之中无法释怀,焦虑不安、伤感等情绪总会时不时地袭来。

事实上,我们遇到了不幸,也可以抬起头,严肃地对自己说:"这本身没有什么了不起,它不可能打败我。"然后,我们就不断地向自己重复使人愉快高兴的话:"这一次都将成为永久的过往,抓住现在才是最为主要的。"这样,我们才能迅速忘掉痛苦,不给焦虑存在的空间,否则,我们将会为不幸带来的痛苦和焦虑所缠绕。

凯西和艾丽莎是兄妹。他们原本生活在一个富足而幸福的家庭。可是,突然袭来的两次大的打击,使他们的欢笑不复存在。

凯西毕业之后,与朋友一起创业,将自己几年来攒下来的钱全部投入了进去。雄心壮志的他认为,如此好的一个开始,一定会有一个好的前程。然而,天不遂人愿,他们在满怀信心地继续前行时,手头上所有资金被他一直信赖的朋友夺走了。那时候的他还很年轻,还有很多东山再起机会,然而他却一直被上当受骗的记忆折磨着,再也跨不出前进的一步,从此再也没能激发出他对生活的渴望,庸庸碌碌地活着。

艾丽莎刚刚上高中时,在一次放学回家路上,却被一群无业游民盯上,最终被强暴了。她被痛苦的记忆折磨着,不得不放弃学业,不再与男性交往,将自己封闭起来,过着黯淡的生活。她虽然只受害一次，但精神上的伤害却让她时时都遭受强暴。就这样，她郁郁寡欢地活着，长久下去，患上了严重的抑郁症。

如果凯西与艾丽莎能及时忘掉过去，敢于与过去的痛苦决裂，那么，未来的曙光就是属于他们的。年轻是没有失败的，痛苦也只是暂时的，更何况，他们只是在懵懂的年龄里被无辜地伤害了一次呢？

及时忘记，可以让人彻底从痛苦之中解脱。忘记过去固然是一件极为痛苦的事情，但是，因为过去的不幸而损害了我们当下存在的意义，那就是在毫无意义地损害自己。如果不懂得忘记，让过去的伤心事、烦恼事、痛苦事永远萦绕心头，刻在心里，那就等于让生命背上了沉重的包袱，给人生套上了无形的枷锁，最终让自己深陷焦虑，痛苦不堪。因此，痛苦和记忆要舍弃固然是困难的，但远比一直被它折磨着，对我们有价值得多。

如果我们被不愉快的过往所折磨着，那么现在要学会自救——唯有自救才可以救我们。因为经历的人是我们，没有人能够将我们救出，除了我们自己。只有我们清楚自己哪里最痛，哪里需要止痛安抚，或许我们能够获得他人的帮助，但关键还在于我们要自己跳出火坑——学会及时忘记该忘记的，那我们就能够获得精神上的愉悦与心灵的轻松。

面对曾经的不幸，我们一定要懂得宽恕自己——这是最难对付的人生挑战。事实上，在很多时候，宽恕自己比宽恕他人要难得多——没有一种惩罚比自我指责更为痛苦和让人难受的了。

在痛苦时，我们要时时告诫自己：

1."一定要珍惜现在，一定要活出精彩来。"或者"昨天的痛，已经承受过了，有必要反复去兑现吗？明天的痛，尚未到来，有必要提前去结算吗？抓住现在，用心过好现在的每一个'今天'，就是对生命最好的报答。"用此类的话不断地激励自己，便有可能走出困境。

2. 人生再多的幸运与不幸，都变成了永远的曾经。一如窗外的雨，淋过，湿过，走了，远了。一如曾经的美好，留于心底，曾经的悲伤，置于脑后，不恋、不恨。学会忘记，懂得放弃，人生总是从告别中走向明天。悄悄地告诉自己说，没事的，一切皆如此。

第四章
行动起来,为你的焦虑切换一条"跑道"

　　心理学家指出,人在全身心投入行动上时,就会无暇去顾及内心的焦虑,而人一旦停止焦虑开始向前看,就不会觉得痛苦不安。那个时候,行动会占据你的思想,会让你向未来着眼,一旦你取得了什么成果,你就会获得愉快。因此,当你焦虑时,不妨让自己"动"起来,无论运动也好,大声喊叫、哭泣、深呼吸也罢,都可以让焦虑情绪有效地发泄出去。

人的情绪问题,多源于心灵空虚

空虚、寂寞、孤独等坏情绪也是让人产生焦虑的根源之一。可以想象,当一个人心灵处于"空虚"的状态,无事可做,无理想可以追求,最容易没事找事,那么,焦虑不安的状态就会如影随形。当一个人专注于某一行动时,内心的坏情绪也被随之驱散。因此,要清除由空虚带来的焦虑,最有效的方法就是让自己有事可做。

没有梦想的人是空虚的,灵魂是空洞的,精神也会是压抑的。可是,在生活中,多数人都认为,清闲、懒惰是一种福气,殊不知,它带给人的是一种碌碌无为,会让你的生命失去价值,让生活失去色彩,让一些莫名的焦虑随之而来。

有一个小和尚,在寺庙中整天念经,经常感到心烦。

在一天夜里,他做了一个奇怪的梦,梦见自己在去阎罗殿的路上看到一座金碧辉煌的宫殿,同时,宫殿的主人看到他后,请他留下来居住。

小和尚说:"我每天都忙于念经和学习佛法,现在,每天只想吃,想睡,我非常讨厌看书。"

宫殿主人回答说:"如果是这样的话,那么世界上再也没有比这里更适合你居住的了。我这里有丰富而美味的食物,你想吃什么就吃什么,不会有人来打扰你。而且,保证没有经书给你看,你也不用去刻意领悟佛法。"

听罢此话,小和尚就高高兴兴地住了下来。

在开始的一段日子中,小和尚每天除了吃,就是睡觉,感到异常快乐。渐渐地,他觉得有点寂寞和空虚。于是,他就去见宫殿主人,抱怨说:"这种每天吃吃睡睡的日子过久了也没有多大意思。我对这种生活已经提不起一点兴趣了。你能不能给我找几经书看看,或者时不时地给我讲几个佛祖的故事听呢?"

宫殿的主人回答说:"对不起,我们这里从来不曾有过这样的事。你还是待在这里面好好地享受吧!"

又过了几个月,小和尚感到内心空虚极了,就又去找宫殿主人说:"这种日子我实在是过不下去了。如果你再不给我经书念,我听不到佛法,我宁愿去下地狱!"

宫殿主人轻蔑地向他笑了笑:"你以为这里是天堂吗?这里是真正的地狱呀!"

人活着就需要思考,就需要劳动,如果你整天生活在安逸之中,衣食无忧的,表面上看似享受,其实无异于活在地狱中。长时间将自己浸泡在安逸之中,人也就无异成了行尸走肉。

有位哲人说,一个人最可怕的行为,就是丧失了理想,没有了进取心,一味只想着去追求享乐,让心灵处于一种空虚的状态中。因为这样只会让你越来越堕落,不会珍惜你所得到的东西,也不会对周围的事物心存感激,更不容易得到满足,最终自然会被坏情绪所缠绕。相反,如果一个人的生活是充实的,那么,他就很容易收获快乐，珍惜自己所拥有的，对周围的事物心存感激。

因此，无论我们是腰缠万贯的富豪，还是一贫如洗的穷苦人，都永远要记住，只有树立自己的理想，规划自己的人生，让自己"有事可做，有梦可追"，才能真正地让生命充实，才能切实地体会到生活赋予你的精彩。我们可以在经济上贫困，但绝对不能让自己的精神也打折。因此，我们要时刻反省自己是否处于碌碌无为的状态之中，是否也甘愿长期生活在安逸之中，尽早让自己从迷惘的状态之中觉醒，让自己在创造与奋斗之中感受到生命的真正精彩。

大胆地将你的"焦虑"说出来

在生活中，那些难以感受到幸福和快乐的人，都有一个特点，就是爱把自己的内心封闭起来，尤其是爱压抑自己的情绪。

心理学家指出，压抑情绪就是指对自己心理上的束缚、抑制。尤其是对悲伤、忧虑、恐惧等消极情绪的极力压制，会导致人们心情沉闷、烦恼不堪、牢骚满腹、暮气沉沉；不仅如此，还表现为对外面的世界极为厌恶、漠不关心，对别人的喜怒哀乐无动于衷，对什么事情都失去兴趣。

一个人成天把自己拘泥在自我约束之中，心头似有千斤重的石头压着，快要窒息，长此以往就会觉得自己的身体出现了某种病变，从而更加痛苦、消沉，形成一个恶性循环。对此，要减缓这种痛苦或烦愁的情绪，我们就要学会自我宣泄。

当然，我们要宣泄自己焦虑、痛苦的情绪，除了向人倾诉，还可以尝试运用以下几种方法：

1. 用流泪把内心的"毒素"释放出来

有位心理学老师给学生们上了这样一堂课：在课堂上，他播放悲伤的音乐，并在旁边"添油加醋"地劝说，再加上对环境的把控和气氛的制造，来诱发学生悲伤的情感，从而大声地哭出来。学生们哭过之后，都会浑身上下感到无比轻松，心情也随之好起来。

事实上，哭和笑一样，都是人类的一种本能，是人情绪的直接外在流露，是我们必须经历的情感体验，都有它们的奥妙所在。无论是身体上，还是心灵上，哭泣都是一种释放。哭泣是造物主赐予我们的天生释放情绪的本领，我要好好利用。

2. 自言自语也是一种极好的"倾诉"方式

在生活中，当我们找不到倾诉的对象或者实在难以启齿时，自言自语是最好的解决方式，也是属于一种勇敢的"自救"。心理学家认为，"自言自语"是恢复心理平衡的一种有效方式。德国的心理学家经过研究认为："自言自语"是消除紧张的有效方法，有利于身心健康，是一种简单易行的自我保健方式。

3. 名言警句，舒解压力

平时积累一些劝人暖心的名言或者句子，记得把它抄下来，在心情不好或者感到压抑的时候，拿出来看一下。在那些名言警句里，或许可以找到治疗心理郁闷的药方，让我们的心情舒解，让我们的焦虑稀释，让我们彻底快乐和幸福起来。

4. 短暂的旅行，给心灵放个假

在充满压力的生活中，我们时常会感到身心疲惫。短暂的休息也许让我们疲惫的身体恢复活力,但精神上的压力却不能有效地释放出来。那么,我们就不妨来一场长时间的旅行,让自己的心灵彻底得到解脱——只有心灵上的真正美好,才会让我们发自内心地有一份好心情。

这都是一些常用的减轻内心痛苦和忧愁的方法。我们完全可以将其运用到生活中。当然,最后还要提醒一下,当我们感到心情抑郁沉闷时,一定不要将它憋在心里,而是应将它说出来,无论是说给他人听,还是自言自语,都是舒缓心情、释放焦虑不可或缺的方法。

学习是对付无助的最佳"克星"

只要我们稍加留意就会发现,每个人都会有被恐慌或者无助袭击的时候——或者是被人在背后论是非,或者是被同事抢了功劳,或者是被老板无端地责骂,或者是被工作压力袭击,或者是被爱人指责,或者是为孩子下降的成绩闹心等,种种不如意,会像炸弹一样,还未等我们准备好,便在我们周围引爆,搞得我们措手不及,心烦意乱。

在这时,一部分人能通过调剂情绪,很快走出焦虑,而一部分内心缺乏定力的人则会随意发脾气,招致坏心情,从而越来越恐慌,将自己置于焦虑的泥潭中无法自拔。

有一位心理学家指出,焦虑无助,恰恰揭示了人生的短板。快乐的时候，人可以稍事放纵，当感到焦虑无助，这恰是来自上天的信号——该给自己添点料了。而学习，无疑是对付无助的最佳"克星"。

学习能让我们转移对焦虑不安的注意力，还能让我们变得优秀起来，从而体验到成长的成就感，或者赢得他人的称赞。

例如，当听到有人在背后说我们坏话时，我们别把时间用在寻仇反击上，跟着电视学一道小菜，便能保证我们的餐饮更有营养和品味，也能引人称赞为"大厨"；当被同事抢了功劳，我们别把时间浪费在咒骂上，先放下手头的工作，约闺密一起去逛街——不一定非要买东西，在高级商场逛上一天，我们就发现，自己的审美品位一下子提升了；当我们被老板无端责骂，我们别把时间浪费在痛苦揪心上，打开音响学习一支歌曲，当歌唱熟了，心境自然就开阔了；当我们被工作中的难题压得喘不过气来，更不该把时间浪费在买醉上面，买上一本书，里面总有几页知识将来有一天用得到；当我们被朋友误解，不应该伤心、痛苦，而是先放下眼前的一切，去学习一段舞蹈，等舞蹈学会了，我们的心结有可能就解开了……

所以，在我们焦虑无助时，与其把时间用在"焦虑"上面，你不如去学习一项技能或补充知识，并将它当成一种习惯，时间一久，我们的能力将会不知不觉地增加，我们的人生也会处处开花。

面对现实，我们感到焦虑，很多时候是因为我们自身能力不足以给我们足够的自信。学习是抵抗一个人惶恐无助的最佳"克星"，它能转移你的注意力，帮助我们分散对未来的不确定性，并且坚定对自己的自信心，更可以把时间利用到最佳值。无助可以使我们变得更为强大，也能使我们内心越来越自闭，越来越卑微。至于我们变得强大，还是卑微，完全取决于自己——在最无助和恐慌的时候，我们在干什么。

人是容易受情绪所左右的，悲伤、焦虑、烦恼等负面情绪常常会不期而至，如果一遇事便沉浸其中，那么，我们将会在坏情绪的泥潭中越陷越深。在这个时候，我们能以学习一门业余兴趣，甚至一项小的生活技能来转移自我注意力，不仅控制了自己的坏情绪，避免生活滋生出一些不必要的焦虑和烦恼，还可以获得一种新技能，充实自己，增加自己的自信心，减轻对未来的恐慌感。

借助运动来驱散内心的郁闷

很多时候，人的焦虑不安是因为内心的郁闷积压得太久的缘故，比如，长时间生活在工作重压之下，人就会变得抓狂，焦躁难安；长时间被一件事所折磨，内心也会变得抑郁。对此，要将积极在内心的抑郁情绪释放出来，运动是不错的一种方法。

当人在焦虑不安的时候，在开口前把舌头在嘴里转上十圈，怒气也就减了一半。当感到焦虑不安时，我们也可以做一些喜欢的运动，这样既可以宣泄负面情绪又能够避免伤及他人，还可以增强体质，甚至减肥塑身。

汪女士是公司的一名中层管理人员。她平日里与人应酬实在太累，赶上节假日，就到瑜伽馆练瑜伽。在练瑜伽过程中，她体会到了练习瑜伽的乐趣：既锻炼了身体，又让她暂时忘却了工作中的烦恼，还能减肥、美体健身。

佟小姐有空时就会去郊区练习攀岩。在攀岩运动中，她坦言最大的收获是：在毅力即将达到极限时，成功也随之到来。她说，回到工作中去，再也不会像以往那样踌躇不前，瞻前顾后，因为没有太多的时间允许我犹豫，也没有什么事情不可以做，只要去实践，肯定会有收获，并且经过尝试，最终都会成功。

这两个故事都向我们说明了同一个道理：运动是释放不良情绪的一剂良方。

此外，从医学角度讲，运动之所以能缓解压力，让人保持平和的心态，与腓肽效应有关。腓肽是身体的一种激素，被称为"快乐因子"。当运动达到一定量时，我们身体产生的腓肽效应能愉悦神经。适当地进行运动锻炼，还有利于消除疲劳。

那么，哪些运动能减压呢？通常来说，有氧运动能使人全身得到放松。想通过运动缓解压力，可以参加一些缓和的、运动量小的运动，使心情先平静下来，如跳绳、跳操、游泳、散步、打乒乓球等。

当然，为了达到放松身心的作用，可以选择自己喜爱的、能产生愉悦感的运动，这样效果会更佳。

不过，在通过运动来排解情绪时，需要注意如下两个方面的问题。

1. 不要带着情绪去做剧烈的运动。如果带着太大的压力和不良情绪去锻炼，在锻炼中思绪杂乱，注意力不集中，反而会影响锻炼的效果。比如有人刻意去做一些激烈的、运动量大的运动项目，认为出一身大汗，压力和不良情绪就会全部释放出来。其实效果恰恰相反，这种激烈且大运动量的锻炼，会造成身体疲劳，加上原来紧张的精神，压力不但排解不了，情绪反而会更坏。

2. 运动宜适度。运动需合理把握时间，不要一次把自己累得不行，过量的运动会透支我们的体能，并且还有可能引发相关的疾病，这样就得不偿失了。

心情不爽时，你不妨大声"喊"

人在事业受挫、工作困难、人际关系紧张等情况下，会产生沉重的心理压力，如果不能及时排解，就很容易患上抑郁症，甚至脾气也会变得暴躁不安。

晓彤所在公司更换了部门经理。不少员工都惴惴不安，晓彤尤其紧张。她到该公司已工作了三年。三年间，她业绩并不突出，且和同事关系不太融洽。部门里除了主管，谁都不愿意和她说话。新部门经理到来后，要求员工加强合作。尽管晓彤想尽了一切办法，但仍然融入不了同事的圈子，心中极其烦恼。自小体质不是太好、经常失眠的她，几个月来几乎没有一晚能够睡好，每天上班都是昏昏沉沉的。不佳的工作状态和极差的人缘，让她感到了空前的恐惧。

晓彤实在无法忍受，便辞职回家休养了。回家后，她的情绪也没能得到好转。无奈之下，她只好去进行心理咨询。从心理医生那里了解到，她患上了抑郁症，每天都郁郁寡欢的，而且遇事就会冲人乱发脾气——这种状况已经持续了很长一段时间。

造成她抑郁的根源，则是工作带给她的烦恼、同事之间无法相处的烦恼，以及担心失业的烦恼。

在生活中，每个人都有可能会遇到晓彤那种状况。晓彤的抑郁多是因为坏情绪长时间得不到缓解而产生的。

心理学家研究发现，通过喊叫可以达到发泄不良情绪和振奋精神体能的目的。为此，为舒缓郁闷，很多人都会尝试"喊叫疗法"。

所谓喊叫疗法，就是通过急促、强烈、粗犷、无拘无束的喊叫，将内心的积郁发泄出来，从而达到精神状态和心理状态的平衡协调。"喊叫疗法"是一种简易的调适疗法。其做法是利用假日或空闲时间到荒郊野外，无人空旷处，或仅自己一人在家时（记住！必须确认，隔音设备良好或空旷不至影响到邻居，否则易引起邻居的好奇或提出抗议），对着墙壁或者到空旷处大声喊叫，将想讲、想骂、想哭、想笑的人和事尽情宣泄，过后自然神情愉快，轻松无比。

艾德琳是一家公司的中层管理人员。在工作中，她总是笑容满面。她是如何做到这一点的呢？下面的这个片段能为我们揭开其中的秘密。

一天晚上，艾德琳的一位好友来探望她。好友见到她时，发现她正对着天上的飞机大声地说话。好友对她这一举动很是不解。艾德琳解释说："我将我心中的烦恼对着飞机大声说出来，这样我心情就会轻松很多，这是我发泄情绪的一种方式。"

朗诵诗歌和文章，也与喊叫疗法有异曲同工之妙，可以进行无害宣泄。性格刚直者，可以选择一些表现阳刚之气、感情激越的诗文来朗诵，以便疏导怨愤之气；性格柔弱者，则往往适宜于诵读阴柔、缠绵式的作品，以此消弭郁闷。

事实上，无论是工作，还是生活中，烦恼总会伴在我们左右。面对烦恼，朗诵是一种非常文雅而有效的发泄情绪方式。

一女孩与人激烈争吵，被朋友强行带开，回到家中仍气愤难平，然而最后还是恢复了平静。问其故，答曰得益于朗诵滑稽、幽默的句子。诵读那样的诗句，她就觉得一身舒坦，心中的郁闷也随之烟消云散。

无论生活上，工作上，感情上，我们或许会面临多多少少的一些不爽，甚至有时会压得人喘不过气来。此时，我们需要找个合适的地方释放一下，以期尽快化解矛盾，让自己的状态调整到最好。

消除郁闷的方法有很多，除了在不影响他人情况下将心中的郁闷大声喊出来外，我们还可以尝试以下方法：

1. 做深呼吸。当我们在坏情绪中苦苦挣扎的时候，深呼吸是一种让自己冷静下来的最好方法。慢慢地呼吸能使心率减缓，从而使人恢复平静。美国一家心理协会推荐从横膈膜进行深呼吸，而不要从胸腔进行浅呼吸。深呼吸有助于产生一种自然的放松反应。这种反应是由于呼气导致的，当你呼气时，肌肉通常会随之放松，而伴之放松的，还有人的坏情绪。

2. 将心中的不快写出来。心理学家指出，写作或者写日志可以使人心跳放慢速度，并思考如何应对出现的问题。如果我们心情不爽，那就将积淀在你内心的不快统统写出来，骂人也好，发泄也罢，都可以有效地平衡情绪。

焦虑时，不妨先"自我安慰"一下

每个人时时都有可能遇到不顺心的事：因工作疏忽被公司解雇，因一句无意的话被朋友误解，孩子成绩下滑……当遇到这些、无人在意你的痛苦时，我们一定要学会自我安慰，否则，长时间沉浸于心理不平衡状态，只会影响我们的生理以及心理健康，让人生陷入一片沼泽地。

大风刮起了风沙，漫天遍地都是。一个人走在路上，看不清楚远方，唯能看到离自己几米的地方。他掏出火柴，想点燃一支烟，就背一边迎风，然后一边划火一边说："点烟不过三，过三不点烟。"

但是，三根火柴都划过了，每一根都是刚划着就被大风吹灭——烟仍旧没点着。

于是，他又大声地说："点烟不过七，过七不点烟！"他又试着划了四根火柴，但风实在是太大了，烟仍旧没能够点着。

他只好苦笑了一下，轻声安慰自己说："管他三七二十一。"

……

点烟的人看似有些可笑，却又有积极的一面。因为他在尽力后仍旧无力改变现实的时候，懂得自我安慰，让自己不背负焦虑情绪，让自己很快变得轻松。

在生活中，每个人都可能会遇到此类的事，而且很容易被它所纠缠，甚至会使我们的精神处于崩溃边缘。

心理学家认为，人自我评价的好恶主要来自于自身价值的选择，当我们被消极情绪所困扰的时候，我们可以试着改变原来的价值观，学着从价值相反的方向进行思考，心情就会马上发生良性的变化，这是懂得自我安慰者的常用方式。

因此，当烦恼来临的时候，我们与其在那里唉声叹气，惶惶不安，不如拿起心理调节的武器，从相反的角度去考虑问题，那么面临的境况便会由阴转晴，也能彻底地从烦恼中解脱出来。

在沙漠边缘住着两户人家，两家的女主人都很能干。他们住的这个地方会经常刮暴风，有时暴风一吹就是几天几夜。很多时候，风势很强劲，很猛烈，甚至吹起的沙子会将周围的房子掩埋。不仅如此，暴风还十分热，吹得人的头发似乎全部被烧焦了一般。因此，生活在沙漠周围的人都很烦恼。

但是，面对无法改变的事实，这两户人家的女主人却很少抱怨。暴风过后，她们会立刻展开行动，将家中所有小羊羔都杀死，因为她们知道那些小羊羔反正是活不成了，如果将小羊羔杀死，还可以挽救母羊。

在宰杀小羊羔后，她们就将羊群赶到南边的绿洲中去找水喝。所有这些行动都是在冷静中完成的。对于家中的损失，她们没有任何忧虑和抱怨。

一位妇人经常这样说："就算我们损失了所有一切，我们仍旧会感谢上帝，因为我们可以从头再来。"

那两位妇人在遇到灾难后，不愤怒、不生气，仍旧还能保持积极乐观的心境，在于她们懂得自我安慰！

其实，生活中，每个人都要学会用自我安慰来排解心灵的烦恼。人要尊重自然规律，面对社会现实。在无可奈何的情况下，要懂得放弃，顺势而为，懂得自我取乐，这是让自己避免痛苦，活得轻松的重要法宝。

俄国作家契诃夫这样写道："要是火柴在你口袋里燃烧起来了，那你应该高兴，而且还要感谢上苍，多亏你的口袋不是火药库。要是你的手指扎了一根刺，那你应该高兴。挺好，多亏这根刺不是扎在眼睛里。"懂得自我安慰的人，很容易在失败或者困境中降低自己的挫折感。

世界上那么多人，每个人在自己的世界中都是巨大的，可是在别人眼里通常又是微不足道。每个人也许不能期许命运之神特别眷顾，无法从外界得到救赎，起码我们可以自我安慰。请记住：当你痛苦时，又没人注意，一定不要忘记了，你还可以自己安慰自己。

用眼泪来冲刷你心中的不快

一首歌中这样唱道："男人哭吧哭吧哭吧不是罪，再强的人也有权利去疲惫，微笑背后若只剩心碎，做人何必撑得那么狼狈！男人哭吧哭吧哭吧不是罪，尝尝阔别已久眼泪的滋味，就算下雨也是一种美，不如好好把握这个机会，痛哭一回……"

这歌很感人，不仅风靡一时，还经久不衰，不时能听到有人唱。其秘诀就是它首次旗帜鲜明地提出了男人哭泣的理由，揭示了哭泣是一种坏情绪的正常宣泄方式，在很多人心里引起了共鸣。

事实上，无论是男人，还是女人，当处于不良情绪中时，学会用泪水来冲刷心中的不快，并以此来释放自己，都是一种非常健康科学的选择。

日本主妇良友总研究中心以477名《主妇良友》杂志读者为对象，进行了一项关于女性释放情绪的调查。结果显示，有58%的女性表示，每个月必哭一回。可见，当悲伤情绪来临时，很多日本女性会选择"释放式"的哭来进行缓解。

有研究表明，哭既可以减轻情绪上的压力，也可以减轻身体上的压力。

心理学家克皮尔曾做过这样一则实验。他调查了137人，并将他们分为健康组和患病组。患病组是溃疡病和结肠炎的患者——溃疡病和结肠炎是两种与精神紧张密切相关的疾病。研究结果发现，健康组哭的次数比患病组的要多，而且哭后自我感觉较之哭前好了许多。

通过进一步研究发现，人在情绪压抑时，会产生某些对人体有害的生物活性物质。哭泣时，这些有害的化学成分便会随着泪液排出体外，从而有效地降低了有害物质的浓度，缓解了紧张情绪。

曾有一位美国学者做了一个有趣的试验：他让一组人观看感人的电影，并收集他们因感动而流下的眼泪；让另一组人切洋葱，也收集了他们因辣眼而流下的泪水。结果发现，因感动而流下的"情感眼泪"中含儿茶酚胺成分，而"反射眼泪"中则没有。

医学上解释说儿茶酚胺是大脑在情绪压力下释放的一种化学物质，如果在体内积聚太多，就容易增加患心脑血管疾病的风险。因此，当我们心中积存了不愉快的情绪时，不要强忍着故作坚强，该哭时不妨尽情地哭出来。

生活总不会是一帆风顺的，每个人在生活中都会遇到一些不如意的事情。面对那些让人不开心的事情，难免会产生一些负面的情绪，而且这种负面情绪积累得多了，倘若不及时地发泄出来，则极有可能会让人做出一些极端的事情来。相反，如果通过哭将负面情绪及时发泄出来，那么不如意的事对我们的伤害就小了。

英国诗人丁尼生在一首诗里记述了一件事：一位战士战死在疆场，他的妻子被人们带到了他的身旁。妻子悲痛欲绝，但只是发呆而不能哭。一位学者说："妇人必须哭，否则她会死去。"但是谁也没有办法使她哭。此时，一位聪明的妇女将她的小孩带到她的眼前，她哭了，说："我的孩子，我为你而活着。"哭缓解了突如其来的打击所造成的高度紧张，避免了不幸的后果。

在如今这个时代，怎样在紧张生活节奏中调节自己的心情对我们而言显得格外重要。如果遇到某些糟糕至极的事让你非常需要用哭来缓解的话，那就大哭一场吧，让它来为我们的身体和身心"排排毒"。

而同样是哭，其方式有多种：有无声地流泪，有小声啜泣，也有号啕大哭；有人掩面而泣，有人涕泪横流。无论是哪种方式，哭过之后，便会雨过天晴，能让自己怀着好心情再次踏上人生的征途。

需要特别说明的是，虽说哭泣落泪可以有助于我们排出体内积蓄的导致抑郁的有害物质，减轻压力，但是，如果悲伤和愤怒情绪得到发泄后仍哭泣，就会有伤身体，例如影响到胃肠功能，导致胃酸分泌减少，消化减慢，影响食欲，甚至诱发多种胃病等，因此，哭泣时间不宜太长。有相关专家建议："哭泣最好控制在 15 分钟以内。"因为，在 15 分钟内排出的是因为精神压抑所产生的有害物质，而超过 15 分钟，则就会因为悲伤而引发胃部的不适，久而久之便会患慢性胃炎。所以，我们用哭泣发泄情绪是可以的，但一定要在痛哭的时候别忘记看一下时间。

森田疗法是扫除焦虑的妙招

要祛除焦虑、平衡情绪，森田疗法是我们该尝试的一种好方法。

森田疗法是一种顺其自然、为所当为的心理治疗方法，该方法主要适用于由压力带来的焦虑症、恐惧症、强迫症、疑难症、神经症性的睡眠障碍等症状。

作为森田疗法的创始人，森田正马教授个人认为，有焦虑症、恐惧症、强迫症、神经症性的睡眠障碍等症状的人常常对自身身体和心理方面的不适感极为敏感，他们的内省力很强，且非常担心自己的身体健康。他们常将一些正常的生理变化误认为是病态，过分地关注自己与周围的事情，常使自己陷入焦虑之中。这些人如果能够顺其自然地接受与服从事物运行的客观法则，正视自身的消极体验，客观地接受各种症状的出现，将心思放在应该做的事情上，那么他们的心理动机冲突就可能会排除，痛苦也就自然能够减轻。

森田正马曾经对自己的这种心理疗法有深刻的体会。

森田正马出生在日本一个农民家庭。小时候，他是一个十分聪明的孩子，当地人都称他为"神童"。然而，由于父母对他要求过严，他一度厌恶上学，以至学习成绩平平。他天生敏感，在十岁的时候因看到了寺庙中色彩斑斓的地狱绘图，就经常产生对死亡的恐惧感，夜间常常难以入眠，也常被噩梦惊醒。由于天生敏感，在25岁的时候，他被诊断为神经衰弱症。他非常苦恼，因为当时刚好他要参加假前考试，如果考不过的话，必须要补考。

当时，亲友们都劝他参加考试为妥。他父亲当时已经有两个月没给他寄学费了。森田正马对父亲这种缺乏人情味的行为极为愤慨，并放弃了去治病的想法。父亲的行为确实也激怒了他，他认为，没有亲人在乎他，不就是个死吗，有什么好害怕的，在死前胡乱参加完考试也不碍事的。

没想到，这样的想法使他收到了意外惊喜：他的神经衰弱症不仅没有恶化，同时他也考出了非常好的成绩——在229人中，他占到第25名。

对此，森田正马有这样的描述："曾有两件事情使我的精神修养发生了大的转机，一是在太多人的关注下参与考试，二是高中的时候，某夜因为饮酒之后被友人砍伤之事。"自那次考试之后，森田正马的头痛消失了，神经症也好转了。

森田正马在神经衰弱的情况下，没有过多地专注于自己的疾病，顺其自然地参加考试，因而考出了出人意料的好成绩。如果他总在抱怨父亲的无情，疾病的痛苦，那么，只能是自找苦吃。

人本身也存在一定的自然规律，如情绪，是我们对事情本身的自然流露，本身有一套从发生到消退的程序。如果你接受它，遵循它，它很快就可以走完自己的程序，反之则不然。顺其自然就是不要去在意那些有"自然规律"的情绪或者念头。当情绪来的时候，我们需将自己的注意力放在客观的现实之中，该工作的就去工作，该学习的就去学习，该聊天就去聊天，即去做自己应该去做的事情。也许刚开始的时候，我们会感到痛苦，但是只要自己相信它们迟早会自然地消失的，并努力地做好自己该做的事情，那么，这种杂念、情绪就会在我们认真做的过程中不知不觉地消失了。

森田疗法采取的治疗方式主要包括卧床疗法与日记疗法。

1. 卧床疗法

卧床疗法是森田疗法中最具特点的疗法。主要采用住院的方式。在开始的一段治疗过程中，除了吃饭、洗脸以及上厕所外，不允许患者离开床，连读书、看电视、听收音机等都要被禁止，除了查病房的医生以外，不允许其与任何人说话，只准患者躺着想自己的苦恼与痛苦的经验。

通过此种方式可以压抑人们与生俱来的力量，也可以称之为"生的欲望"来发现生命力的存在，体验那种即使有苦恼的事情也毫不在乎的感受，并忘记外界的种种刺激，消除苦恼和痛苦。

2. 日记疗法

森田疗法都要求患者记日记，患者必须要将写着每天行动内容的日记拿给治疗者看，同时，要将笔记本的三分之一区域空出来供治疗者用红笔做批注。比如：患者在日记中写道："今天我因为担心心脏不舒服，不工作了，需要休息！"医生会批注："不可逃避，要不去理会不安的心情，要继续工作。"或者写道："恐惧突然来临了，回避的话，你将会越来越痛苦。"通过写日记，治疗者可以掌握患者日常生活的具体情况，再将它导入到治疗中去，也可以让治疗者据此去具体指导患者的具体行为，帮助患者将以情绪为中心的心理状态转变为以行动为中心的处事态度。

在日常生活中，一些患者也怕麻烦或者过于忙碌，拒绝去写日记，想省掉日后给医生看的麻烦，甚至想敷衍了事，这是十分不恰当的做法，采用正确的方法才可以让他们尽早脱离疾病的苦恼。

多听笑话，笑声会悄然驱走所有的焦虑

著名化学家法拉第早年因为努力钻研科学，经常会感到头痛。他找了很多医生都没能治好他的病。有一次，他在头痛的时候听到家人讲的笑话，笑得前仰后合，头却不痛了。随后，他给自己拟订了一个治疗计划：看喜剧片——吃饭——睡觉。经过一段时间的"治疗"，他的头痛病就不药而愈了。

笑对人的身心健康有着十分重要的作用。西方有句谚语："一个小丑进城，胜过十个医生。"主要指的是，小丑给大家带来了欢笑，欢笑对人的身心健康的重要性已经胜过了十个医生对人的帮助。

心理学家指出：人在处于愤怒、焦虑、紧张等不良情绪下，机体就会分泌出过多的肾上腺物质，使人的心跳加快、脏器功能失调。而如果此时能够改变心态，让自己笑起来，快乐起来，身体便会立即松弛下来，人体的各种器官都会趋向良性，压力所带给人们的焦虑、抑郁等负面情绪便可以得到缓解。所以，笑是一种非常有

效的减压良方,也是驱赶内心焦虑感的有效方法。

韩雪在上海一家外企工作,性格比较内向,还有些完美主义倾向。她有很强的事业心,为了尽快升职,她强迫自己成为"工作狂",基本没有什么业余时间。

她们部门内部只有十几个员工,上班在同一处工作,下班都在职工公寓,都没有什么私人空间,大家经常也会为了工作上的事争吵。这让韩雪烦不胜烦,心里感觉特别郁闷。

有一次,她利用午餐时间去单位旁边的银行办业务。当时等候的人很多,她坐在等候区的长椅上休息。银行大厅前的大屏幕上有一个喜剧广告,那夸张的造型与单纯且又富有哲理的对话,让韩雪禁不住笑出声来,暂时忘却了工作中的烦恼。

此后,每到中午休息的时候,韩雪就会在网上找点喜剧性的搞笑短片看。时间一久,她发现短短几分钟的心理调节,开心地笑几次,对减轻她工作中的压力很有帮助。慢慢地,她觉得自己变开朗了许多。

笑的确是一副减压剂,它可以振奋人的精神,缓解人的紧张和焦虑情绪,会像魔术一样让心底的郁闷与不快消失得无影无踪。所以,在工作中,有太多的事情需要我们去认真对待:工作、健康、家庭关系等,我们如果能够时常地开心笑一笑,那么精神负担也就不会那么沉重了。

在生活中,让自己开心笑起来的方法有很多,最常见的有下面几种:

1. 看漫画

我们可以在自己的办公桌上放几本幽默的漫画书,在精神压力大的时候或者是空余时间随便翻阅一下，便可以消除烦恼。

2. 看喜剧电影

富有哲理的情节、夸张的造型、搞笑的动作、幽默的语言，会让我们狂笑不止。在工作之余，我们可以多看看喜剧电影，会让自己立刻忘却工作的烦恼。

3. 和同事们讲笑话

在工作之余，可以与同事们一起讲讲笑话，不仅能缓和与同事之间的关系，也可以为自己和大家减压。为此，我们平时可以多看看笑话书籍，并用心记住一些，闲暇时讲给同事们听，也可以让自己常开心。

其实，生活中处处都充满了快乐因素，只要我们愿意改变一下心态，就会有一双发现快乐的眼睛，这样便发现自己正生活在快乐之中。除了看漫画、看喜剧电影、看笑话之外，我们还可以去跳舞、与朋友一起做些娱乐活动等，尽量让自己笑起来，快乐起来。

用"音乐"来滋润我们的心灵

一位哲人说，音乐，是化了妆的灵丹妙药，是一种可以唤醒灵魂的巨大力量。人在绝望时，一首好听的音乐可以让人振奋精神，对生活产生积极的态度；焦虑时，一首好听的音乐如温柔的手一般，可以抚平焦躁的心绪。不难看出，听音乐也是一种有效祛除焦虑的方法。

在工作中，当压力袭来，当我们深陷在狭小的意识之中不能自拔时，好的音乐可以让我们在潜意识的宽阔空间中忘却烦躁，放弃意识对现实情况的偏执，从而摆脱精神痛苦。

音乐，是人类的朋友，是保养心灵的良药，是化解心灵障碍的最佳疗法。在心理学上，音乐疗法是自然疗法的一种，它可以提高大脑皮层的兴奋，改善人的情绪，激发人的感情，振奋人的精神。同时，音乐有助于消除由于心理因素、社会现实因素造成的紧张、焦虑、忧郁、恐怖等不良的心理状态，提高应激能力。

俄耳浦斯与妻子欧律狄克情投意合，十分恩爱。但是，他们的恩爱生活十分地短促。婚礼过后不久，欧律狄克与朋友在草地上嬉戏时，不幸被一条毒蛇咬伤了。蛇的毒性极强，欧律狄克立刻就丧命了。当时，俄耳浦斯十分难过，根本无法忍受失去妻子的痛苦。于是，他决心冒险，到冥府去将心爱的妻子带回人间。

俄耳浦斯一路弹着他的七弦琴，踏上了可怕的地狱之旅。七弦琴的音乐使所有鬼神都沉醉在他的音乐之中。而当他来到冥河之时，送死人渡河的船夫对他说：“你有影子，不是死人，我不可以放你过河。”

但是，当俄耳浦斯再次拿起七弦琴时，悲伤的琴声使船夫迷失在他的音乐世界之中，自动送他渡过了河。就这样，俄耳浦斯用充满感情的七弦琴顺利通过了通往地狱的关卡。

最后，俄耳浦斯见到了地狱的主宰者，并向他哀求说：“冥府的主宰，请放了我的妻子欧律狄克好吗？我与她刚刚结婚才没几天，她就被毒蛇咬死了。如果没有妻子，我根本活不下去，请让她回到我身边吧！”

俄耳浦斯的深情与优美的琴声使地狱众臣深受感动,地狱主宰者最终将他的妻子放出。

音乐可以向人们传达丰富的情感信息,可以撼动人的心灵,使人向善良的方面发展。同时,在日常工作和生活之中,音乐有助于释放情绪,提高自我表达能力;可以帮助人们减压,排忧解困;可以改善人的情绪,提高情商;可以改善人际关系以及处事的技巧;改善人的学习兴趣,提高身体的灵活性;增强人的专注能力,强化人的个性气质;加快自我成长,提升自我价值,确定人生方向等。

音乐在人的心灵中产生的积极因素,会使人内心的杂乱无章与其一起共振,使我们的压力在不知不觉中得以缓解。据研究,某些音乐特有的旋律与节奏具有降低血压,减慢基础代谢与呼吸速度的作用,使人在压力之下显得较为温和。

从物理方面讲,音乐可以直接在人体内产生共振效果。因为声音是一种振动,而人体本身也是由许多振动系统构成的,如心脏的跳动、胃肠的蠕动、脑波的波动等。当音乐声与体内的器官产生共振时,就会在人体内分泌出一种生理活性物质,调节人的血液流动与神经,让人充满朝气,富有活力,这都是音乐的神奇作用。

对于身体有恙的人来说,每天选择在音乐中打坐、冥想,并且同时进行康复锻炼,会改变人的精神面貌,改善不良的情绪。音乐尽管有减压之效,但是,在选用音乐时也要根据自身的实际情况选用才行,否则,就不一定能起到减压的作用了。

1. 好音乐因人而异

在生活中,每个人的音乐欣赏习惯不同,生活经历中的体验也不同，因此对音乐的选用和联想的内容自然也不同。

比如，心情忧郁的人则可以选择听一些"忧郁感"的音乐；性情急躁的人则可以选择听一些节奏慢、发人深思的音乐，如古典交响乐中的慢板部分等；对于悲观、消极的人则宜多听洪亮、粗犷与令人振奋的音乐——这些乐曲可以使人充满坚定的力量，使人充满信心，振奋人的精神；对于患有原发性高血压病的人，则适合听一些抒情的音乐，等等。当然，我们可以根据自身的实际情况，选择能够减压的音乐。

2. 轻音乐，带你走进自然之中

在工作中，喧嚣的环境是产生压力的重要因素，所以，我们在平时的工作中应该多听些"静"音乐，可以使人在混乱、嘈杂的环境中安静下来。每天可以抽出一定的时间聆听十分钟的轻音乐，让自己的心灵享受安静，可以让自己心平气和地投入工作之中，去为人处世。

3. 让爱在音乐中变平静

爱本身就是音乐。音乐中有爱人的影子，然而在音乐中，我们的情绪会变得模糊。好听的音乐可以抹去时间，可以让一个人的思维停留在一张纸上，安安静静地平躺在上面，去思念我们的爱人。好的音乐会让人产生好的情绪，而好的情绪可以让我们忘却内心的恐慌，会使失去的爱情和亲情停留在心中，它不会让我们为爱牵肠挂肚，而是在音乐的节奏中让内心变得更为圣洁。

音乐是对心灵渴望的另一种补偿，曾经的爱人就藏在音乐中。当音乐响起，心灵就会虔诚起来，音乐中我们可以相依相随……

瑜伽是神奇的减压秘方

生活中，瑜伽运动也是一种有效舒解焦虑情绪、减轻压力的方法。瑜伽一词起源于印度，是梵文的音译，代表联结、控制、稳定、和谐、平衡、统一的意思。瑜伽训练主要采用呼吸、打坐来调节身心，改善人的体质，增强人体免疫力，有效地缓解精神压力。

瑜伽是一种身心兼修的方法，可以健美、修心、养性，可以使人的心灵与身体、精神达到高度和谐的状态。在现代社会，它不仅仅是一种运动方式，更是一种健康的生活理念和生活方式。在《瑜伽经》中这样说："对心灵的控制就是瑜伽。"

由此可见，瑜伽最终调节的不在于人的身体，而在于人的精神层面。我们平时可以通过瑜伽来调节我们的精神，缓解我们急躁的情绪，让我们生活在更为健康的方式之中，并以积极乐观的心态过好每一天。

34岁的刘容是一家著名企业的中层管理人员，脾气暴躁，还有些自负。在工作中，她时常感到自己压力很大，经常会为这样或那样的事情焦虑不安，为工作失眠。由于脾气太坏，她与周围同事们的关系也很紧张。近五年来，她先后换了多个工作单位，但是，工作依然很不愉快。长期的精神抑郁使她患上了失眠和严重的肠胃病。

刘容十分清楚自己的病因，想去调节和改正，就走进了一家心理咨询室。针对她的情况，心理医生建议她利用工作之余的时间去练练瑜伽调整心态。

刚开始，她练习瑜伽是为了治失眠。因为平时工作压力太大，她每天只要躺在床上，工作的事就会在脑子里转，怎么也睡不着。她买了练习瑜伽的光盘，每天晚上总要练习一会儿。一段时间后，她自己也感觉心变得平静了，晚上也不会再去想工作上那些乱七八糟的事了，就自然能睡着了。

几个月后，刘客的工作状态也有了好转。除了能休息好，她好像把一切事情都看开了，并且能心平气和地和同事交往。周围同事都说她像变了个人似的。

瑜伽并非是能治百病的灵丹妙药，但可以改善我们的不良情绪。瑜伽能让人从烦躁不安之中，快速地安静下来。当心平气和时候，情绪就会向好的方向发展。久而久之，它就会悄悄影响人们的处世方式，不再让人们为工作上的事情而郁闷，心情也舒展开放、海阔天空。

在工作中，要让烦恼和压力不存在，就需要适时地净化我们的心灵，而瑜伽就是一项净化心灵的动运。瑜伽练习者如果将意识集中于肢体的伸展运动方面时，人体内就会产生一种让人心情愉悦的"脑内啡呔"，让人有效地释放负面情绪，并让人的正面情绪达到"身松心静"及"身心合一"的境界。

为身心"排毒",做 SPA 是时尚疗法

SPA 也是一种非常神奇的舒缓焦虑情绪、减压的妙方。在现代社会,它不仅是一种美容方式,更是一种身心"排毒"的良方,可以治疗人在生理和心理方面的疾病。它可以消炎、抑菌、活血脉、消除疲劳等,还可以缓解人的精神紧张、消除烦恼、焦虑等。

SPA 主要是指人们利用天然的水资源,并结合沐浴、按摩和香薰来促进人体的新陈代谢,利用疗效音乐、天然的花草薰香味、美妙的自然景观、健康的饮食、轻微的按摩呵护与人内心的放松来分别满足人的听觉、嗅觉、视觉、味觉、触觉与冥想六种愉悦的感官的基本需求,使人达到一种身心畅快的享受。

除了能通过基本的皮肤洁净与身体按摩外,SPA 更强调人与周围环境的互动与契合。它主要涵盖四大精神:营养、身体的运动、心灵的释放、全身的保养与调理。

在现代社会,尤其对白领女性而言,SPA 不仅是一种时尚的美容方式,更是一种时尚的缓解精神压力的妙方。

齐芳是"海归"一族,是北京一家著名私企高层管理人员,平时工作压力很大,时常感到疲倦。她薪水很高,但超负荷的体力与精力支出让她背上了巨大的精神压力。

有时候,齐芳也会与同事们一起打球、下棋、游泳等,但她自己觉得这些运动项目需要很多人参与才有意思。后来,随着压力不

断增大,她也尝试了很多其他减压方式,都没有收到好的效果。每天工作时间都很长,她需要一种能从体力与精神上双重放松的减压方式。

有一次在欧洲旅行之时,听朋友说SPA在那里非常受人欢迎,而且那里的SPA种类又别具一格,齐芳就与朋友一同去尝试了一下。刚进SPA所,齐芳就被其中美妙的氛围所陶醉:轻音妙曼、天然的花草香袅袅地升腾在雅致的空间里,她能够感受到水滴、花瓣、绿叶、泥土的亲抚,呼吸着来自自然森林、原野的植物所散发出清新气息,一切好像都归于了平静。她感受着美疗师温柔手法的呵护,思绪犹如天空中飞翔的鸟儿般自在,一切烦忧尽忘。

当步出SPA所时,她一天的倦容早已消失殆尽,精神格外轻松。回国后,她就为此着迷了,将SPA当作她的主要减压方式。

齐芳从SPA所美妙的氛围中体验到了不同凡响的身心超脱,疲惫的精神很快得到改善,困意随之全消。

有人将SPA称为是一座补充能源的"身心美容充电站"。随着时代不断发展,人们赋予了SPA更新的方式和更丰富的内涵。现代SPA主要融合了古老按摩传统与现代高科技的水疗法,已经成为现代都市人回归自然、消除工作压力、休闲、美容集于一体的时尚健康生活理念,配合着五感疗法,无论是舒缓按摩、美容,还是温泉水疗,但凡与缓解压力、舒缓身心有关的活动,都可以称之为SPA。

现代SPA的方式是多种多样的。我们也可以自己在家享受。

下面,介绍几种可以消乏减压的家庭式SPA方式。

1. 中草药浴盐SPA

功效:主要能除菌、消炎、解乏减压,增强足部的底气。如果你是个户外工作者，比如摄影记者、市场调研人员，或者销售人员，长时间在外站立奔走，容易因体力疲惫而感到心烦气躁，那么可以进行中草药浴盐 SPA，以通过补充人体脚部的精气使你充满精神，舒缓压力。

中草药浴盐 SPA 的配对方式：

（1）适量的当归，可以活血通络，解除体内的郁气；桂皮则可以温肾助阳，消除人体腰部的疲劳；藏红花有止痛效果，是极好的足疗原料，可以补充足部精气，达到消除疲劳的作用。

（2）将这些中草药配好后，双脚浸泡其中约半个小时。同时，双脚要互相摩擦，或者你可以用五指穿插在脚趾中间，并用力向外拉伸脚趾，就可以起到十分好的舒缓压力效果。

2. 温泉浴盐 SPA

功效：主要能够解除腰颈的酸乏，它可以通过活络人的筋骨，增加人体的血液循环，能够极好地解决我们亚健康的生理或心理问题。

温泉浴盐中主要含有镁盐、钙铁盐、锌盐等多种的矿物质成分。如果你睡眠不好，容易疲劳，经常感到心烦气躁、焦虑、精神紧张等，温泉浴盐便可以使你这些问题得到舒缓。

配对方式：

（1）根据水量将温泉浴盐放入洗澡水中溶解，并且边放边搅动。可以将水温调到 38℃～40℃之间，因为人体最喜欢这个温度。在这个温度下，也可以使浴盐的功效发挥到极致。

（2）在泡浴之前，先用淋浴将身体洗干净，这样，就可以帮助你的身体更好地适应水温。泡浴时间一般在 20～30 分钟为宜。在浸浴时，你可以将手扶在浴缸边上，腰背慢慢地向后面仰，反复呼吸，可以帮助你有效地减除腰背肩酸之苦。呼吸时，你的每个毛孔都好像在呼吸，可以有效地排除内心的烦躁，舒缓心理紧张、焦虑等不良情绪。

（3）温泉本身的矿物质也会透过表皮渗入身体皮肤内，能够起到十分好的美肤作用，特别适合现代白领人士。

以上两种简单的家庭 SPA 水疗方法，我们每个人都可以尝试。

不过，在做 SPA 水疗时还要注意几点。

（1）有严重的心脏病或者癫痫病的患者，不可做水疗；

（2）高血压病患者水疗时，水温必须要低一些；

（3）低血压患者久泡后，起身时应该特别注意安全；

（4）身上有伤疤，或者女性在月经期或者怀孕之时，最好都要避免做水疗。

第五章
祛除焦虑，学会冥想就能平衡情绪

要祛除焦虑，平衡负面情绪，冥想是行之有效的方法。通过冥想，我们可以进行规律性的头脑训练，能有效地解决压力、焦虑等诸多问题，还可以使头脑平静，专注力增强，创造力提升，获得更好的人际关系，还可以让人重拾自信，感受静谧的力量。

冥想是有效平衡情绪的行为疗法

在焦虑情绪袭来时，除了运用心理方法缓解外，我们还可以采用最有效的行为疗法——冥想。

冥想的原理在于：一天花 10~30 分钟静坐，将注意力集中到一次呼吸、一个词语或者是一个形象上面，训练自己将注意力集中到当下的时刻。通过一些简单的动作练习，可以使人告别过去种种不快，帮助人们平衡负面情绪，重新掌握生活。

与瑜伽比起来，冥想不仅可以有效地锻炼身体，更重要的是可以平衡人的情绪，从而达到真正意义上的修心、养性。

冥想是一种意境艺术行为。我们只有通过实际的体验才能够真正理解其中的奥妙真义。在当下社会，我们的情绪很容易产生波动：亲情、爱情、友情带给我们的喜与忧，学习、工作、升迁降职带给我们内心的躁动，还有那不可抗拒的生老病死带给我们的心灵上的恐慌……而冥想，简单地说，就是让人停止意识之外的一切活动，使人达到"忘我之境"的一种心灵自律的行为。冥想时，所有快乐和忧伤都远离我们了。

冥，就是泯灭；想，就是你的思维，思虑。冥想就是把你要想的念头，思虑给去掉。可以说，冥想就是除去心灵污尘，给心灵洗澡的有效方法。我们每天可以抽一点时间，以一个简单的动作开始冥想，整理我们纷乱的思绪，暂时忘却工作，忘掉烦恼，让自己进入一种全新的忘我的境界之中。

可见，冥想就是调整内心的节奏、祛除烦恼，达到忘却当下进入"无为"境界的一种方法。我们可以通过静静地重复呼吸，调整身体的节奏，通过调整身体来调整心的节奏，然后让心的波动飞向那静寂的世界，飞向那广阔无垠的世界，展翅翱翔——这便是冥想的本质。

心理学家也指出，人在冥想过程中，脑波会变得异常安定，心情也会变得逐渐地平和，全身的肌肉就会变得放松，人体内的吗啡、多巴胺等激素的分泌反而会越来越活跃，因此人体的免疫力就会得到逐渐加强。在冥想过程中，我们会在不知不觉间改善自身那些不好的性格与行为，让自己变得更客观、更安定，更能以积极的态度面对现实世界。同时，在此过程中，我们的记忆力、思考力、创造力也会得到提高。

成功的冥想能够有效地清除我们大脑中所有分散精神的东西，包括紧张、不舒服、烦恼、疼痛和恐惧的根源。一位有着几十年冥想体验的练习者说，长久的冥想可以让人产生更高的警觉性，使人的心智更为成熟，拥有更敏感的知觉性。

可以说，冥想是一种心灵的感受，是用心灵的作用去影响身体，调整人内在的情绪状态，是一种健康的生活方式，是一种对生命深切体悟的过程。

在很多人的观念中，冥想就是静坐在一个地方，闭上眼睛，通过有效地调整呼吸，尽力将心灵排空的一种状态。事实上，冥想并非是一种方式，而是指人身心达到的一种境界，一种平稳、宁静、舒适的姿势之中，然后将意识集中导向无限的本体之中。聆听身、心的窃窃私语，就能使我们自己了解自己体内发生的事情。在这个时候，一个人意念中所呈现的东西，或许可以让他品味出人生、生活的真谛。此时，冥想使人处于一种平和、领悟、安详的境界。

冥想不仅对调节自我情绪效果明显，而且它对场地也没有特别多的要求，是每个人都能做的一种简单修身养性的方法。因而，在生活中，当焦虑情绪来袭时，我们每个人都可以冥想。

下面几个动作可以让我们迅速进入冥想状态，有效地缓解焦虑情绪：

1. 在一个空间里直坐，双手分别放在腿部。刚开始，我们的大脑可能乱得像一锅粥，但我们的大脑是可以被驯服的，然后，我们可以将精力集中到一个点上——将注意力集中到眼前的一个物件上，缩小视野，排除杂念，再集中注意力，不断地重复一句话。

2. 当注意力集中后，我们就可以进入下一个状态：什么都不想，心无杂念。做到这一点很困难，但行之有效的方法是：每当有什么想钻进我们头脑时，我们要有意识地将它们抛出去。这一段时间，我们就能学会如何排除杂念，使自己不再受思想的控制，开始真正地找到自我。

初学者必须了解的冥想常识

做冥想时，我们必须要暂时脱离现实的世界，即关掉手机、电话、传真机等通信工具，力求在这段特殊的时间里不让任何人或事打扰。

在冥想开始前，我们需要先了解以下几个问题：

1. 应该在哪里冥想？

学冥想无须特别的工具或者场所。当然，我们可能希望设定房间的一个特殊角落，一个平静安详宁静的地方，作为私人净地。我们可以在这个角落里布置一些含有精神意指的东西或者是特殊符号，以尽快进入状态。

此外，我们还可以从大自然那里获得帮助：待在海边，仔细地倾听海浪撞击岩石的声音；穿过茂密的森林小径，仰望如教堂穹顶一般广阔的树荫；或者可以站在溪流边，倾听流水的声音；又或者可以凝望月亮升起，静观鸟儿从头顶飞过。

2. 在冥想开始前，我们应该做哪些准备？

在开始冥想前，我们最好能穿上宽松的背心和裤子，再进行简单的解压运动：先轻握拳头，轻柔地按摩腹部，让身体逐渐地放松；然后，再平躺于地板上面，左右滚动整个躯体，让整个身体的肌肉得到放松；最后，想象自己被包裹在明亮的光芒之中，感觉其安逸感和幸福感。

3. 冥想应该使用什么坐姿？

最传统的冥想静坐方式应该是盘腿而坐，然后双手大拇指和食指相抵，其余三个手指伸直放松，最后把右手放在膝盖上，掌心朝上。而后，放松全身肌肉，逐渐去缓解身体的紧张感。除此之外，冥想还有其他许多的姿势，比如仰卧，即坐在自己腿上或直背静坐椅子上等。

我们坐时一定要挺直脊背，可以想象自己的头被一根绑在天花板上的绳子吊着。

4. 冥想一定要坐着吗？

很多人觉得，冥想就是找到一个安静的地方打坐。事实上，这只是其中一种方式。任何能够减缓思想的行为都是冥想。冥想的妙处就在于任何人都可以在任何场所进行，不需要花太多时间就能有所收获。

事实上，当我们专注于某一个感觉的时候，就已经是在冥想了。很多人打坐时很难进入冥想，这时完全可以尝试更适合自己的冥想方式。有些人唱歌、跳舞、打太极拳、跑步时特别投入，全身心沉浸在好的感觉中，可以摒弃外界的嘈杂，这就是冥想。甚至有些人在做饭时，都不需要有思想介入，特别享受这种当下的感觉，投入在享受的过程中，这也是冥想。

总而言之，冥想就是减缓或不去思考。如跑步时，如果全身心感受身体的动作，那就是冥想；如果跑着跑着就开始想事情，那就不是冥想了。

5. 冥想时应该睁眼还是闭眼？

如果可能的话保持眼睛睁开，使所有感官都处于开放的状态。

冥想的目的不是睡着，而是为自己找到一种"放松的灵敏状态"，这既不是昏昏欲睡，也不是无比清醒的状态。保持眼神"温柔平和"，就是说，冥想不要特别专注于什么东西，并保持嘴巴微微张开。

6. 冥想中该保持怎样的一种状态？

冥想要专注于自己的一呼一吸，找到呼吸和身心的统一。也可以使用集中冥想法进行冥想，即先烧上一炷香，选定一个对象，调节呼吸的同时让思绪随着袅袅的紫烟一起升华。另外，我们也可以借助于一件旧物、山谷明月、林中溪流等外界事物进行冥想。

7. 冥想要采取怎样的呼吸方式？

一般是用鼻子深呼吸，让肺部充满空气，腹部和整个胸部因而扩张，然后再用鼻子或嘴缓缓呼气，到接近呼完就把腹肌收缩，将腹部所有的气体排空。当熟练了这种腹式呼吸之后，就可以进入冥想状态。这时，伴随着冥想音乐便有助于我们达到忘我的冥想境界。

8. 如何判断自己进入冥想？

在练习冥想时，我们可以坐在一个垫子或者椅子上，找到一种让自己觉得舒服的姿势；然后把心灵聚焦在一个选定的物体上，比如我们的呼吸（主要口鼻的感觉），努力地把这种感觉留住，也许很快我们就会走神或者感到腿痒痒，也可能会想到待会儿要做什么，这时努力把注意力带回到呼吸上；随后，观察自己的情绪，可能一瞬间，烦躁、悲伤、寂寞、恐惧等情绪会涌来，此时我们依然在冥想中；去承认这种情绪，找到它们的起源，不需要对抗它们；接下来还可以观察自己的想法，比如突如其来的忧伤过后，可能会想，"其实我还是没走出刚刚的失恋"。经常这样做，我们会更擅长听从内心的声音。

9. 每次冥想要持续多久？

很多人都推荐每次冥想要坚持 20 分钟，一天两次。对此，灵魂导师雅各纳达指出，问题的关键不在于你冥想了多久，而是通过冥想，它有没有将你带入到一种自我存在的状态，在那里你放下自己，和自己的内心交流。

刚开始做冥想时，我们可以尝试做四五分钟的冥想，然后休息一分钟时间，再进行冥想。如果时间允许，可以每天早晚各练习一次，每次练习 30 分钟左右。早上的练习，应该在起床洗漱、排泄之后，早餐之前进行。晚上练习者，最好在晚饭一小时之后，入睡一小时前进行。

了解以上几个冥想练习常识后，我们就可以开始冥想之旅了。坚持一段时间后，我们就能发现其对调节情绪和身心的神奇作用。

缓解个人压力，冥想极为简单有效

现代人的烦躁不安多是因为压力大造成的——生存压力、工作压力、学习压力等，时常让人喘不过气来。而冥想则恰恰是缓解个人压力的极为简单有效的良方。

一位刚入职场的年轻人去看医生时，抱怨生活无趣与无休止的工作压力已经使他的心灵感到麻木了。诊断后，医生发现他身体没有任何问题，却察觉到他的心理出了问题。

对此，医生就问年轻人说："你喜欢哪个地方？"

"不知道。"年轻人答。

"小时候，你最喜欢做什么事情呢？"医生接着问。

"我最喜欢到海边听海浪。"年轻人回答说。

"那你拿着这个处方到海边去吧！你必须要在早上八点、中午十二点和下午三点的时段打开这三个处方，并且按上面写的去做。"

于是，这位年轻人便来到海边。

第二天早上八点钟，他打开了第一个处方，上面写着："用心聆听"。这位年轻人开始用耳朵去聆听海浪声，听到不同海鸟的叫声，听到沙蟹的爬动声等。一个崭新的世界向他伸出双手，让他整个人都静了下来。他开始沉思，心灵也开始放松。

中午时分，他已经陶醉其中。在清醒之余，他打开了第二个处方，上面写着"回想"。于是，他开始回想起自己儿时与家人在海边拾海贝的情景。怀旧之情汩汩而来。

在下午三点钟时，他在温暖与喜悦之中打开最后一个处方，上面写着"回顾你的动机"。这是最困难的部分。

于是，这位年轻人开始反省。他粗略地浏览生活、工作中的每一件事情、每一个状况、每一个人。他痛苦地发现，他很自私，从未超越自我，从未认同更高尚的目标，更纯正的动机。他发现造成他厌倦、无聊、空虚和压力的原因了。

最后，年轻人发现自己的压力被一扫而光，身心也放松了，对生活重新燃起了激情和希望。

在充满紧张与压力的现代社会中，人们无不在寻找获得身心平和与宁静的方法，无不渴望获得解决生命一切问题的智慧，无人不希望生活在不受破坏、污染的环境中。而冥想则为我们指引正确的方向，为我们的进步奠定良好基础。有研究报告指出，如果一个城市有1%的人每天坚持两次，每次15～20分钟的练习冥想，那么整个城市的犯罪率、疾病率以及意外发生率都会显著地降低。这些现象都表明，个人凭借练习冥想可以创造和谐、友爱的社会秩序，其能对人类产生极为积极的影响。

在生活中，当感到压力大时，我们可以尝试以下缓解压力的冥想法：

找一个舒服的姿势坐下，调整好呼吸后，我们想象着你自己的身体变得非常巨大，如山峦一般巨大，我们俯瞰大地，看着大地上被各种烦恼折磨得疲于奔命的人们，就好像我们平时看见蚂蚁觅食一般。我们所要做的一切事情，就是在这个状态中，默默地注视烦恼而繁华的大千世界。

这一切的一切，都与我们无关，都不会给我们造成丝毫的伤害。这一切的一切，不过是使我们看到世界是什么样子，让我们有机会选择自己的道路。

仔细感受我们的身体，感受压力聚集在什么地方，然后，深呼吸。请想象着，这些压力，将随着血液，流淌到我们全身的每一个细胞里，我们不惧怕压力，更不能逃避压力。相反，我们和压力在一起，我们无比巨大伟岸的躯体，就是一个无比巨大的容器，任何压力、任何烦恼，掉落其中，就消失得无影无踪。

深呼吸，用呼吸化解分布在我们身体里面的压力。

当压力化解之后，我们就可以结束这次冥想了。

化解焦虑,从专注呼吸开始

冥想是放松身心和释放压力最简单方便的方法,我们可以在任何一个时间点,任何一个可能的场所,只需要坐下并且冷静下来,就可以开始冥想,将生活的压力全部释放。

对于初学者来说,可以从"专注呼吸"冥想法开始。

呼吸是一把健康的钥匙。伟大诗人和思想家歌德就曾发出这样的赞叹:"一呼一吸,是上帝的恩典,使得生活美妙无边。"呼吸的影响力不仅仅在身体方面,它还与情绪、思想息息相关。比如,当人们受到惊吓时,会倒吸一口气并屏住呼吸;当人们感到疲劳和烦闷时,呼吸会被拉得很长,会打哈欠;当人们感到生气或难过时,呼吸就会变得没有规律甚至起伏很大;当人们感到紧张、担心或焦虑时,呼吸就会变得很浅;当人们心情愉快时,呼吸就会变得平稳、徐缓。

不过,不当的呼吸方式,会让人变得容易精神紧张、烦躁,负面的情绪及压力自然无法得到释放与舒解。因此,在生活中,我们能更好地调整自己的呼吸就能减少个人情绪的波动。

用呼吸来调整或缓解负面情绪,我们可以尝试以下方法:

1. 深呼吸

在生活中,当我们与人争吵或气恼时,或因正准备做首次演讲和演出而感到紧张时,或正为设法去解决一个难题而感到焦虑时,不妨先停下来，做几次深呼吸。

具体做法：

闭目端坐在椅子上面，努力使自己的心情平静下来，然后慢慢地、深深地吸气，缓慢而有节奏地吸气。充分吸气后，几秒钟内停止呼吸，然后将气慢慢地吐出来。吐气时，要比吸气时更慢。一边做这样的深呼吸，一边在每次吐气时心中默念着"1、2、3……"反复多次后，肌肉就会从紧张进入松弛状态，可以使紧张和焦虑的情绪得到相应的缓解。

2. 丹田呼吸法

丹田呼吸法是冥想时常运用的呼吸法之一。它可以有效地调和身心，使自己的身心与天地调和之气保持一体化。在这样的状态下，我们可以通过调节自我的意识来控制自己的情绪。

具体做法：

进行呼吸的时候，在呼气时，尽量要使下腹部往里收缩，同时用力使横膜收缩，保持下腹部的用力状态；在吸气时要尽量使下腹部向外膨胀，并使下腹部达到弧形的形状。为此，人们也将丹田呼吸称为"弧形呼吸"。

在呼气的时候，我们要想象自己体内的恶气完全被排出了体外；在吸气的时候，想象宇宙的能量从头部顶端（百会穴）进入脸部、颈部、胸部和腹部，使全身都充满了宇宙的能量。这样可使容易上扬之气下沉，使容易下行之血上扬。

呼气时加上吸气，能够使人的上半身神清气爽，下半身温和舒适。这种上部清凉、下部温暖的状态，是平衡调和的状态。在这样的状态下，我们便能够与宇宙一体化，这时，我们的身心非常松弛。

常运用这种方法进行冥想，可以使人保持良好的精神状态，有效地缓解压力，消除紧张和焦虑的情绪。

3. 腹式呼吸

人体的腹腔内藏着除心、脑、肺之外的全部脏器，包括消化系统、造血系统、泌尿系统以及内分泌系统、淋巴系统的一部分，并拥有大量的血管、神经，因此腹式呼吸能有效地促进人体的胃腹运动，改善人体的消化功能。

同时，腹式呼吸也是缓解人体紧张的"减压药"，多练习腹式呼吸，可以使身体得到充足的氧气，能有效地释放体内压力，消除紧张的情绪。所以，生活中当我们感到紧张时，都可以尝试采用腹式呼吸。

具体做法：

盘腿而坐，全身尽量保持放松的状态，两手自然地放在膝盖上面。头微微地下垂。呼吸时下腹部要暗暗用力，吸气时，腹部鼓气；吸气时，腹部收缩。然后，再将上面的动作反过来做，先吸气使腹部收缩，呼气时再把腹部鼓起。

做腹式呼吸时要注意把握以下几点：

（1）呼吸要深长而缓慢；

（2）用鼻呼吸而不用口呼吸；

（3）一呼一吸掌握在15秒左右，每次5～15分钟，当然时间也可以再长一点；

（4）呼吸过程中如果有口津溢出，可徐徐下咽，不要吐出。

净化心灵，用冥想驱散烦恼

在生活中，当我们的心灵充斥太多意念的事情时，就会被焦虑所缠绕。这时，我们可以运用有效的简单冥想法去驱赶烦恼。

驱散烦恼的方法有很多，下面简单地介绍几种：

1. 慢走式冥想

美国斯坦福大学医学院的健康教育、健康专家曾鼓励那些走路健身者改变自己的运动习惯，号召大家不妨边走边冥想。这种慢走式冥想可以让人专注于自己的思想，集中精力，同时让人从思维上、态度上保持一种平稳的心态。当将这种心态带到生活与工作中去时，我们将能够在一切波澜面前保持稳定、平和的情绪。实验证明，一群人在慢走式冥想16个月之后，焦虑自然减轻，整个人也因此而大不同。

为此，当我们因为内心杂乱而处于焦虑状态时，不妨坚持进行走路冥想，无论是在宽阔的马路上还是狭窄的小道上，甚至地铁、楼房的楼梯，又或是公园、湖边等场所，都是进行慢走冥想的"幸福地"。在刚开始走的时候，我们的每步都要慢，将注意力集中到一点上，直到完全意识不到自己行走的步伐为止。

通过一段时间的坚持之后，我们就会发现自己的心灵得到了最大安定，身体也得到了最大限度放松，找回了健康与身体的平衡。

同时，每天有规律地坚持行走冥想，可以有效地调节大脑神经，让我们处于压力下的大脑得到放松，让心灵得到净化，生活中的一切杂念便不会再来随意捣乱了。

2. 游泳冥想

麦当娜·戈丁在其著作《冥想圣经》一书中，详细地描述了如何让平淡无奇的游泳通过冥想升华为一次心灵体验。这种体验能够助我们克服各种困境，平衡身心。在生活中，当我们被挫折、困难或其他阻力所困扰的时候，不妨尝试一下游泳冥想法。对此，我们可以记录下生活中阻碍自己发展的一切有可能的因素。

我们敢于直白地表达自我吗？我们希望自己的生活更加井井有条吗？不管导致我们不敢的因素是什么，请将它们诉诸纸笔，澄于内心。接下来，我们就能按以下步骤来净化自己的心灵。

（1）选择一个无人的泳道，开始游泳。最初的几分钟，只需专注于游水时的呼吸。

（2）内心想着要克服自己的障碍，将你克服阻碍的状态在意念中呈现出一个场景。

（3）每一次划动手臂，击打水面，都在眼前呈现一个画面，我们正在一点一滴地克服自己的恐惧或障碍。

通过以上三个步骤的练习，就完成了一次增强个人意志力的练习，坚持一段时间，就可以帮我们克服各种心理障碍，净化心灵。

3. 美丽冥想

美丽冥想是女性美容的一种心理暗示方法。比如，我们可以选择一个幽静的环境，不拘姿势，调整好情绪，跟着自己的腹式呼吸进入冥想的状态。从 1 数到 10，逐渐地调整自己的呼吸，想象自己的皮肤光洁无瑕、红润、有光泽。经常练习这种冥想，不仅可使我们的皮肤光泽细腻，可延缓脸上皱纹的生成，也可以净化自己的心灵，让压力、烦恼随着毛细血管慢慢地从身体排出去。

对此，心理学上也指出，美丽冥想对身心产生的作用是明确的。当我们冥想时，大脑会产生一种激素，按照冥想对象不断地调整身体状态，使控制肌肉、软组织甚至骨骼形态的信息码发生相应的变化，从而达到美肤的目的。

4. 芳香冥想

芳香冥想是一种有嗅觉功效的冥想，冥想者事先要选择适合自己的、喜欢的香薰精油，利用嗅觉慢慢地释放心灵的毒素，调节压力带给身心的不适感，达到良好的减压和美容的效果。

芳香冥想不仅是一种清洁心灵的有效方法，更是舒缓并唤醒肌肤和身体活性，提升身体敏感度的好方法。这种方法更适合感性的女性，在冥想的同时，还会提升女人优美的性情和高尚的情趣。

具体的方法为：

选择自己所喜欢并适合的香精油，放入精油炉中加热散发香气，选择坐式盘腿的方法，采用慢慢地腹式呼吸。想象着自己已经到达自己所喜欢和向往的地方，从头部开始放松，接着是肩部、背部、腰部……然后，从内心告诉自己"我现在已经彻底放松了，我的心灵找到了真正的安宁，我已经没有烦恼了"等类似的暗示语。

5. 简单冥想

在生活中，我们可以随时随地做净化心灵的冥想练习具体方法为：

（1）看镜子。拿一面镜子，去观察镜子中的自己。不要以平时"我看镜子"的思维去看，而要让镜子中的人来看本人。当我们熟悉的面孔通过镜子来看自己的时候，就会有一种神奇的感觉，这种神奇的意会感觉会将我们带入一种无思无虑的状态中。

（2）发愣、发傻。当我们处于焦虑状态的时候，对自己说我现在发愣一会儿，将上下嘴唇分开，放松下颚，发愣一下，这时候你的思维瞬间切断，进入一种冥想的状态。

平静内心，冥想是不二选择

冥想的作用有很多，可以让人集中注意力，稳定焦躁不安的情绪，控制自我的思维，放松身心等。在生活中，我们很多人之所以难以放松，是因为脑中的事情太多太杂，极难平静，而下面的几种冥想法可以让你的心灵回归平静。

1. 注意力集中法

对于冥想初学者来说，我们可以练习以下的动作，从每次五分钟开始，逐步延长到20分钟。具体步骤为：

（1）找一个安静的环境，确保无人能打扰，关掉手机、电话、传真等通信工具。找一个舒服的姿势坐下，因为接下会有五分钟时间要维持一个固定的姿势。

（2）将注意力集中在一个声音、文字、感受，或者影像或者想法上面。

（3）以顺从、接纳的态度打开心扉。此时，可能会有突然出现的思绪或者影像进入我们的意识之中，分散我们的注意力，当这些东西出现时，让它们顺其自然地过去。

如此每天坚持做，一段时间后，我们就会神奇地发现自己的内心变得异常平静。

2. 用意念来扫视全身

找个地方让自己舒服地坐下，闭上眼睛，让思想集中于两只眼睛，然后是头部、后颈、后背，再往下是两只手臂、两只手，往下再回到颌，向下到胸、腹部，最后是双脚。这种冥想方法可以提升自我意念，将身体扫视一遍后，逐渐地识别身体的紧张感，然后静静地排除它。

3. 步行冥想

（1）找一个安静的、可以直线行走五米而不用回转的地方。

（2）左手握拳，即大拇指收在拳内，将拳头靠近自己的肚脐上方，用右手包住左手的拳头。

（3）小步、缓慢地移动步伐，就好像用慢动作行走一样，右脚往前，让右脚脚跟与左脚脚尖并排——将注意力集中到缓慢移动中的脚上面，感觉体重由一只脚移到另一只脚，跨出左脚，以相同的方式向前移动。

（4）持续往前走，走到约五米的距离之后，转身折返。

以这个方式持续走上十分钟。如果觉得走起来会有摇晃的感觉或丧失耐心，别担心，多次练习之后，我们便能够了解行走中的冥想练习可以消除身上的紧张感，更能将注意力集中到心灵之上。

4. 通过腿部肌肉收缩来放松全身

选择一个舒适的空间，在保证无人打扰的情况下，穿上宽松的衣服，平躺在瑜伽垫上。然后做以下的几个动作：

（1）脚趾，使右脚与脚踝肌肉紧张，扭动脚趾。然后收紧肌肉，放松，重复做几次。随后再换左脚。

（2）小腿，收紧小腿的肌肉，先右后左，重复几遍收紧和放松。

（3）大腿，从右到左收紧大腿的肌肉，重复几遍。

（4）臀部，同上述的步骤一样，将收紧与放松的动作重复几次。

有意识地去排除内心的障碍或杂念，可以使人暂时活在自我编织的美好世界中，跟外界的生活暂时隔绝，进行自我放松，找个安静的地方坐一个下午，或跑到一个遥远的地方，对着美丽的风景冥想，都是自我放松的好方法，能让你的心情顿时愉悦许多。

让人瞬间进入深度睡眠的冥想法

我们会因为工作或生活上的焦虑情绪而常使自己彻夜难眠吗？我们会因为对未来的各种担忧而使自己陷入不安的情绪中吗？

如果有，那么我们就应该尝试以下的几种冥想法，以便能快速入眠。

具体方法为：

1. 睡觉时，我们可以平躺在床上，双手可以放在丹田上，也可以平放在身体两侧，只要自己觉得舒服就行。闭上眼睛，身体尽量放松，在脑海中想象着自己全身的每一个细胞都彻底放松下来。然后，别再让任何杂念来打扰，将注意力全然放到呼吸上，记得用鼻子呼吸，一呼一吸尽量拉长，在心中默数自己的呼吸，每一口气尽量吸到小腹处。持续下去，我们会发现自己很容就进入睡眠状态了，而且第二天精神会特别好。

2. 当在床上无法入眠时，我们可以平躺在床上，双手放在丹田位置，下巴微微靠近胸前，有意识地控制自己的呼吸，放慢呼吸的速度，每一口气都要吸到丹田处，无论外部环境如何吵闹，我们都要将注意力集中到呼吸上面，然后从太阳穴位置开始放松，用意念去放松面部肌肉、眼睛、耳朵、鼻子，然后放松嘴唇和下巴，放松颈部的骨头和肌肉，放松肩膀和背部，然后是手臂直到每一根手指，放松臂部、大腿、小腿，直到感觉从上到下甚至每一根脚趾头都完全放松为止。

这个时候，我们的头脑中开始出现鸟语花香的大草原，四处都充满着绿油油的草地，鼻子里闻到的是花香和青草混合着泥土的气息，去听听那些小鸟欢快的啼叫声，甚至可以看到小兔子在地上欢快地奔跑，如果愿意我们还可以尝试着去摸摸小兔子顺滑的皮毛，张开全身的毛孔去接纳这里的每处生机。

然后，我们可以想象着自己坐着白色的云朵飘起来，而且越飘越高，越飞越远，空气中有许多纯净的水气，让它们来清洗身体，可以去感觉冰凉的水气贴在自己面上的感觉，然后想象着自己自由地飘荡在云朵中间，不冷不热，然后就开始放松身体，也可以尝试着躺在云朵上面，感觉就像躺在水中，在这个世界中，我们完全是自由的，舒畅的，然后，慢慢地让自己入眠。

需要注意的是，这一冥想练习对个人的意念控制力要求极高，我们在做的时候一定要慢慢地用意念去控制自己的思维，或者是去想象自己的每一处细节，想得越仔细、真实度越高，说明进入冥想的状态越好，所获得的休息效果也越好。

用冥想祛除头脑中消极的意念

今年40岁的莉娜是一家公司职员。六年前，她和丈夫离了婚。不久后，她的孩子又在一场车祸中永远离开了她。从此之后，她的精神几近崩溃。她不知道活着的意义是什么，经常感到精神恍惚，有时还会感到莫名的焦虑和恐慌。

对于莉娜来说，她生活唯一有意义的事情便是每天都会把孩子生前用过的书包、书本放在自己的脸颊上抚摸——她觉得那像是在抚摸孩子一般。她总是会观察书包和书本，包括颜色、图画，包括里面写下的每一个字……

终于有一天，莉娜悟出了三个问题：那些物品只是孩子的遗物，它代替不了孩子；沉浸在回忆中并不是爱孩子的表现，只会引发无比的痛苦；保留对孩子的爱，自己去追寻幸福、快乐并非是对孩子不爱的表现。

想明白这些问题后，莉娜决定不再沉浸在痛苦和焦虑中，要开始新的生活。

一周后，在一个风和日丽的周末，莉娜来到她曾经经常带孩子玩耍的海边。她捧着孩子的旧物，沉默良久后，终于撒开手，随着扑上来的海浪，那些东西慢慢地被卷入海中。做完这一切后，莉娜觉得心情轻松无比，将这些代表过去的物品从自己生活中清除出去——莉娜的内心获得了全新的感受。

后来，莉娜又搬了新家，开始好好地面对生活。半年后，她终于再次结识一位异性。又过了一年后，她不仅结了婚，而且还有了自己的小宝宝。

在生活中，我们很多人都有过类似于莉娜的情绪：面对无可奈何的失去，那种痛苦和焦虑令自己久久无法释怀，尤其是看到那些具有象征意义的物品时，内心就更痛苦不堪。这个时候，我们就可以像事例中的莉娜一样，运用意念冥想去消除内心的消极因素，以新的姿态去面对生活。

事实上，每个人在随着时间和场合的不同，想问题和对待事物的态度也是不尽相同的，有时情绪会好，积极性高，不怕困难，愿意付出代价做挑战性的工作，而有时则会情绪低落，看什么都不顺眼，浑身没劲，懒得动手和动脑，心存疑虑，幻想得到追求的目标。当我们情绪低落时，就要学会运用冥想法祛除内心的消极意念，让自己重新面对生活。

对此，我们可以尝试以下的方法。

1. 常用"我能行"的暗示语鼓舞自己

从追求成功的大目标来讲，只有提倡坚持积极的心理暗示，克服消极的心理暗示，才能取得良好的结果。

在某个专门培养企业领导人的学校，校长要求学生在每天出操、上课前都要集体高唱"我能行！我能当个好领导！"只要人们走进这个学校，就可以听到学生们的呼喊声。该学校校长指出，之所以让学生高唱这个口号，就是让这里的人接受积极的心理暗示，从而培养他们积极和坚强的自信心。培养企业领导人，是让他带领工人搞好生产、追求利润，要是没有"我能行"的信心，还有什么成功可言！

2. 用"我能行"赶跑"我不行"

大量研究表明，在每个人的意识中都有一个理想的、积极的自我形象，但这个理想的自我形象，并不是总能指导和主宰自己行为的。因为，它会常常受到另一个消极自我形象的干扰。前者不怕困难、勇往直前，后者遇事畏缩、知难而退。前者自我暗示"我能行"，后者则会大唱反调，暗示自己"我不行"。因此，每个追求成功的人，都要高呼"我能行"，不断地强化心中那个积极的、理想的自我形象，战胜和排除消极的自我形象的干扰。

就心理暗示的效果而言，喊出来和默念都是一样的。只要是积极的心理暗示，就会达到相应的效果。我们倒也不一定非要像卡鲁索一样要喊出来。

放松身心，简单冥想做起来

在课堂上面，一位哲学老师拿起一杯水，问学生："各位认为这杯水有多重呢？"有的学生说有50克，有的说有100克。

"是的，它仅仅只有100克——那么，你们可以将这杯水端在手中能一直持续多久呢？"老师又问道。

很多人都笑了，心想：100克而已，拿多久又会怎么样！

老师没有笑，接着说："拿一分钟，大家肯定会觉得没有问题；如果拿一个小时，大家可能会觉得手酸；如果让你拿一天，甚至拿一个星期，那可能得叫救护车了。"大家都笑了，但这次是赞许的笑。

老师又继续说："其实，这杯水的重量是很轻的，但当你拿得久了，就会觉得沉重无比。这就像我们所承担的压力一样，如果我们一直把压力放在身上，不管压力是否很重，时间久了都会觉得沉重而无法承担。我们必须做的就是放下这杯水，休息一下后再拿起，如此我们才能拿得更久。所以，我们所承担的压力，应该在适当的时候放下，好好休息一下，然后再重新拿起来，如此才可以承担很久。"

现在生活节奏越来越快，生活压力也越来越大，给人带来的焦虑感无法令人释怀。我们渴望一份快乐的轻松、一份自然的宁静已成为一种奢望。对多数人而言，解除压力追求放松该是生活中极为重要的一部分。正确有效的放松，会使你的身体在放松过程结束之后感到轻松、愉快，使身体恢复到自然、无压力的状态。而冥想则可以帮我们做到这一点。

下面，让我们了解一下放松身体的20个步骤：

1. 用力握紧左手，直到手的各个指关节变白。然后，再慢慢地放松左手，让手部的肌肉感觉松弛。

2. 弯曲左臂，让肱二头肌突出，越用力越好。然后，尽量放松左臂，最后让手臂完全放松。

3. 用放松左手的方式来松弛右手。

4．用同样的方式放松右臂的肱二头肌。

5．弯曲左脚的脚趾，拉紧左脚的肌肉，直到感觉紧到不能再紧时，再开始放松。

6．将左脚面向上抬，用足踝的弯曲帮助拉紧左小腿的肌肉，等感觉到腿后肌肉非常紧张时，慢慢地放松。

7．将左腿伸直，连脚尖也一起伸直，直到感觉大腿前面的肌肉紧绷大腿根部。

8．放松右脚。

9．放松右小腿。

10．放松右大腿。

11．紧缩臀部的肌肉将自己上身向上提升，大约在上身高一寸左右的时候，再开始放松。

12．收紧腹部的肌肉，尽可能将小腹肌肉向内紧缩，然后再放松到最大限度。

13．绷紧胸部，先深吸一口气，然后再屏住呼吸，这段时间持续越久越好，然后再呼气放松胸部。

14．把两肩向后用力，接着向前用力内缩，然后再耸肩。越高越好，头部保持不动，然后双肩放松。

15．绷紧背部肌肉，伸长上身，把自己撑高。随后放松肌肉。

16．接着是颈部肌肉。尽量向前压低头部，拉紧后颈的肌肉。然后再抬高头部向后仰，绷紧前颈的肌肉，然后左右转转头部，放松肌肉。

17．上下移动眉毛，带动眉毛周围的肌肉运动，接着放松肌肉。

18．闭紧眼睛，保持紧闭，最后放松。

19. 上下左右移动下颚，然后磨牙齿，皱鼻子，大笑尽量露出所有牙齿，随后让脸部的所有肌肉放松。

20. 将舌头向前伸长，再将舌头尽力顶住上颚及下颚，然后回到口腔中放松。

经常进行以上有规律的冥想，即便每天坚持做几分钟，也可以有效地缓解你内心的压力。它可以使我们的注意力集中；提高控制思维的能力，提高处理情感的能力，帮助身体和精神得以放松。

另外，我们还可以尝试下面的冥想法：

1. 选择一个安静的环境，以免被打扰。

2. 坐在椅子上面，或双腿交叉盘坐于硬垫之上，双手轻握放在大腿上，整个冥想的过程中保持上身直立，别让头或肩倾斜或背部朝后仰，同时尽可能地放松肌肉。

3. 闭上眼睛，将注意力集中于呼吸，保持一种轻松自然的状态。

4. 让自己对呼吸的感觉占据我们的全部意识，无论是聚焦于鼻孔还是腹部，选择一个焦点并坚持到底，别让注意力随呼吸而转向全身，让它始终停留在所选择的焦点上面。

5. 我们也可以在呼吸第一口气时默念1，第二次数2，第三次数3，一直数到10，然后往回数，每呼一次数一次，一直数到1，又往回数到10，这样循环往复。不要害怕在计数过程中走了神，我们可以再回到1，从头开始。

6. 如果脑中有各种想法出现时，把注意力集中于呼吸，不要聚集于想法，让它出入我们的头脑，既不追随，也不阻止。

7. 冥想过程结束后，慢慢从座位上站起来。在从事各项活动时，保持住冥想过程中体验到的平衡意识。用意识呼吸的方法去努力意识周围的所见所闻，不要急于脱离联想链。

冥想几分钟并集中注意于呼吸，我们可以有意使白天令人愤怒和受到伤害的体验记忆进入大脑意识。通常这种体验记忆会带来瞬间的情感反应。然而，在冥想的宁静之中，返回我们头脑中的记忆，不再带有任何的情感震动。我们就会以超然的眼光来审视它，这是从冥想中学会的对待压力甚至任何思想的态度。

第六章
随时随地冥想，所有焦虑一扫而光

不了解冥想的人会认为冥想复杂且神秘，其实不然，冥想最简单易学，谁都能运用自如。生活处处皆冥想，我们学会了几种最简单的冥想法，就可以随时随地冥想，消除焦虑情绪。

举手投足皆冥想，超简单实用的冥想法

冥想本是一项简单易学的身心调节法，但对普通上班族来说，在纷扰烦乱中跟上生活的节拍已实属困难，更别说单独找时间去冥想了。

在这里，我们提供了八种方法让上班族朋友能够每天都进行冥想练习：

1. 沐浴时：在吃过晚饭沐浴时，我们可以利用这段时间来清理自己内在的负能量。我们可以这样尝试着去做几次深呼吸，想象着水流将体内所有的压力和负能量都冲掉。这种方法能有效地帮助我们平衡自己慌乱不安的情绪。

2. 喝水时：如果喝茶或饮品，我们可以有意地放慢节奏，细细地品味饮品的芳香带来的愉悦感，慢慢地呼吸，清醒地去感触和沉浸在此时此刻，想象健康饮品缓缓进入自己的身体时，疗愈正在发生。

要知道，每一种味道、色彩和气味都是一次全新的生命体验。我们可以放缓进食速度，试试自己是否能分辨出每一种成分，也可以仔细觉察想吃某一种食物的冲动，还有想快速进食的冲动。我们

静下心来，扪心自问一下自己为何能感知到这些事情，想象一下自己所吃的食物对身体的疗愈效果。它是否足够供养我们的身体以保持健康且充满活力？仔细地感知身体对能量的吸纳。完成一次进食，我们也完成了一次冥想体验。

3. 排队时：无论在哪里排队，都是进行冥想的绝佳场所。在排队时，我们不要去观察队伍的行进速度，而是学着去观察周围的人与物，试着去发现美丽的事与物，仔细地体察自己的情绪。在确保安全的情况下，我们可以闭上眼睛，进行深呼吸，并深深地体会每一次呼吸所带给自己身体的奇妙变化，比如肺部的化学反应，想象着身体是如何将氧气转化为二氧化碳的。

4. 洗衣服时：一次别洗太多衣服，只要挑出三四件来洗，用最舒服的姿势站着或坐着，避免背痛。我们放松地搓衣服，注意自己的双手、双臂的每一个动作，注意盆和水。当我们把衣服搓洗干净后，我们的心应该会感到像衣服一样干净清爽。记住，只要我们的心散乱，就保持微笑且感受自己的呼吸。

5. 散步时：散步与排队是一种相类似的冥想方式。散步时，尽量别想太多繁杂或令人焦虑的事情，而是应该将注意力放在呼吸上，学着去发现和感知周围美妙的事物，感受微风扑面的感觉——此时进行深呼吸，尽力将心中的浊气或杂念排除干净。

6. 打扫房间时：在打扫前，我们先将要做的工作分成几步——清理东西、收整书籍、刷洗厕所、擦净浴室、清洁地板、清除灰尘，为每项工作安排好相应的充裕的时间。在清扫工作开始时，动作要尽量慢。对每一项动作都全身心地专注。比如，我们在整理架子上的书时，看着书，感知它是哪本书，了知自己正要将它放在哪个位置。在伸手拿书时，动作要慢，避免任何粗鲁的动作。这样等将房间打扫好时，我们的心灵也就进行了一次净化冥想。

7. 洗碗时：轻松地进行洗碗，就好像每只碗都是我们观照的对象，把每只碗都当成是神圣的，专注于呼吸，避免心思散乱，别想着尽快结束这项工作，而是将其中的每一个动作当成一种享受，比如在冲水时，要仔细地感知水在碗上的冲刷感，感知水流在指尖划过的舒服感等。

8. 睡觉前：每晚睡觉上床前，我们要花几分钟进行几次深呼吸，清理下凌乱的头脑，来一次短暂的冥想，整理一下明天的生活规划，从一个更长远的角度来看看一天发生的事情对自己人生的意义。

如果因为压力而感到入睡困难时，我们可以将注意力集中到室内的某件物品上面。如果还是无法入睡，那就专注于自己的呼吸，闭上眼睛感受自己的心跳声，之后，我们就能迷迷糊糊进入梦乡了。

静默冥想能"修复"我们疲惫的心灵

一位探险家到南部非洲的丛林中寻求古代文明的遗迹。

为了赶路，他雇了当地人做向导及挑夫。一行人浩浩荡荡地向丛林的深处走去。那群土著人的脚力过人，尽管他们背负着行李，仍旧能健步如飞。在整个队伍的行进过程中，总是探险家先喊着要休息，让土著人停下来等他。

第六章 随时随地冥想，所有焦虑一扫而光

一连行进了三天，探险家虽然体力跟不上，但也希望能够早一点到达目的地，于是硬撑着跟着队伍行进。到第四天，探险家一觉醒来，便立即催促挑夫打点行李，继续赶往目的地。不料，那些土著人竟然拒绝行动。探险家很恼怒。

经过打探，他才了解到那群土著人自古以来便流传着一个神秘的习俗——在赶路时，会竭尽所能地拼命向前冲，但每走上三天便需要休息一天。

探险家对这项习俗很好奇。土著人告诉他说："这种休息方式是为了让我们的灵魂能够追得上我们赶了三天路的疲惫身体。"

探险家听罢此话，心中若有所悟。他沉思良久，最终展颜微笑，认为这是他这次旅行中最大的一项收获。

探险家的经历告诉我们，凡事都应全力以赴，让自己动作起来时浑身充满了无比的冲劲儿——使得灵魂几乎也跟不上这样的动作，的确是真正用心做事时最美好的境界。但是，该休息时，就应该完全地放松自我，让疲惫的身心获得完整的复原机会，好让灵魂追得上充满干劲的步调。这也是我们驱赶焦虑的有效良方。

不可否认，随着现代生活节奏的加快，"忙碌"已成为现代生活的代名词。在不断地与时间追逐的过程中，每个人的心灵都可能慌乱不堪、不知所措。这个时候，我们需要通过冥想让心灵静下来，重新去感受生活的意义。

冥想对修复疲惫身心的力量非常大。所以，当我们在忙碌中感到焦虑或恐慌不安时，那就闭上眼睛学着去冥想。

刚开始，我们的情绪可能会剧烈地起伏不定，但只要按照以下的冥想步骤做，就一定会慢慢地平静下来的。

1. 准备阶段：平复心情

找一个安静的地方，坐在靠背椅子上面，挺直腰板，双脚分开，宽度约与肩部相同，并且自然垂于地面，眼睛半睁半闭，视线落在前方一米左右的地方，口中默念"心平气和"四个字，慢慢地我们就能让心灵从慌乱的状态中平静下来了。

2. 第一阶段：重感训练

这一阶段着重训练"重感"，以让身体达到轻松的状态。所谓的"重感"即是感觉到有一种重量。感觉重量的地方是双手双脚，先手后脚，比如有节奏地默念道："左手重"——"右手重"——"左脚重"——"右脚重"。节奏要迟缓，要缓慢平稳，这样我们的手脚就能感受到沉重，想抬都抬不起来，反复训练几次后，身体就会感到放松。

3. 第二阶段：温度训练

所谓"温感"即让身体感受到温度。依上述的训练，在心中反复默念"手脚温暖"——"手脚温度"。于是，我们的手脚慢慢地就会产生温暖的感觉。这样的感觉，会有效地促使体内的血液循环顺畅，使全身都充满氧气，同时驱动体内分泌松弛因子，从而使全身达到放松温暖的感觉。

4. 第三阶段：心脏训练

心脏跳动节奏的平稳度决定了一个人情绪的波动状况。在冥想中，我们也要注重心脏跳动节奏的调节。因为人心脏的跳动是不以人的意志为转移的，所以在冥想中通过默念"心脏跳动平稳均匀"，来对心脏施加一些影响，促使心脏的节奏跳动均匀，从而使情绪得到平复。

5. 第四阶段：呼吸训练

通过调整呼吸也可以使人的情绪得到平复，所以，有意识地对我们的呼吸施加影响，可以促使血管扩张，加快血液中荷尔蒙的产生与流速，从而使人体产生愉悦的感觉。

6. 第五阶段：腹部训练

此阶段的训练目的是调节肠胃、肝脏、胰腺等内在功能，从而获得身心的松弛。在这个阶段训练时，我们可以默念"肚子暖和"等暗示语，促进体内的肠子慢慢蠕动，从而使整个身心放松。

7. 第六阶段：额部凉感训练

古代医学界常有"头寒脚热"的说法，所以，让面部和头部感觉凉爽对身体是十分有益的。做这个训练时，我们可以默念"头部凉爽舒适"。慢慢地，我们的额头就会产生凉爽感。

以上的冥想步骤可以使人在短时间内身心恢复平静，长期坚持，会让你受益无穷。

意义冥想帮我们重新找回生活的激情

许多人在工作的初期，都是有理想、目标和追求的。虽然未来的道路很漫长，但我们有明确的方向，也有了十足的工作动力。随着时间的增长，当我们梦寐以求的东西陆续到手的时候，就会突然感觉前面的道路变得迷茫了，完全不知道自己今后的工作和生活是为了什么。于是，我们只是机械地开始整日整夜地加班、熬夜，把自己搞得身心俱疲、焦虑不安，但始终都搞不明白自己做这一切是为了什么，自己究竟是为何而活的，感觉到自己的生命已经枯竭了。

如何才能重新找寻到工作的意义，从而从根本上祛除内心的焦虑情绪呢？针对这样的心理，维也纳罗斯医学博士弗兰克尔开创了意义治疗法。

意义疗法是一种在治疗策略上着重引导就诊者寻找和发现生命的意义，帮助消极的人树立明确的生活目标，并最终让他们以积极向上的态度来面对和驾驭生活的心理治疗方法。这种心理疗法可以让人们懂得为何而活，然后去迎接任何困难，从此走上追求生命意义的人生道路，并从中体验到真正的人生幸福。意义疗法的发明者弗兰克尔本身就是意义疗法的最大受益者。

第二次世界大战开战后，身为犹太人的他拒绝了美国为他签发的移民签证。后来，他就被纳粹党送进了集中营。在那段艰苦岁月中，他失去了父母、兄弟、妻子，只有他的妹妹与他一起活了下来。当时，他一无所有，他只有一条生命在漫长的、毫无折磨的日子中残喘。

在那段时间中，他心情极其低落，觉得死亡或许才能使自己获得解脱。就在这个时候，激发了他要开创意义疗法的灵感。他之所以能够活下来，也就是因为当时他已经开始思考和总结意义疗法的框架。

当时，弗兰克尔在集中营的主要工作就是不停地挖地沟和隧道，单调而又乏味。他经常在寒冷的冬天穿着十分单薄的衣服劳动。当时，他自己认为自己除了"赤裸裸的生命之外，已经没有任何东西能丧失了"。那时候只有"服从生活的命令",这样的生活从另一方面又警示了弗兰克尔,意义的答案不止一个,每个人都需要找到一个特殊的理由生存下去。比如,有些人可以为了保持尊严去忍受痛苦,有些人在绝望中还相信生活依旧对他们有所期待,有些人为了亲友的爱而继续活下去……

从集中营回国后,他有了这样的认识:人在任何情况下,都有选择他们行动的能力。在一切情况下包括在痛苦和面临死亡之时,都能够发现生活的意义。在人的人格动机体系中,起支配地位的是意义与意志,它对人的心理健康起着十分重要的作用。这是意义疗法的核心内容。

尽管弗兰克尔没有告诉我们用什么样的方法去发现生命意义在何处,但却对什么是意义以及怎么找到它提出了一些指导。他认为,活得有意义是人生活的基本动力,并具有以下四个特征:

1. 对自认为有意义目标的努力。
2. 它是可能完成的,并且是可行的目标或行动。
3. 一个人为他人付出得越多,他可能获得的就越多。
4. 意义感在人的一生中能够改变或改进。

在工作中,每个人都有机会了解到不同人的人生方向与目标。例如,一个公务员可能投身于救助和照看流浪动物的行动中去,致力于把这个世界变得更好;一个商人,可能在商业方面获得了巨大成功,但心里却一直藏着成为一个艺术家的梦想。每个人都在用自己的方式,寻找着属于自己的人生意义。

找到人生的意义是人生的一项巨大挑战,同时也是一种最大的满足。而意义疗法就是在人们绝望之时,转变人的观念,让人找到属于自己的生活或生存意义的基本方法。

它主要包括以下几个方面：

1. 如何看待自己的工作？

我们在从事什么样的工作？做到了哪个职位？对于自己正在从事的工作是如何看待的？对一个人来说，可能已经对自己的工作失去了兴趣和新鲜感，甚至开始厌倦和反感，或者已经觉得心力交瘁，没有任何成就感。重新思考这些问题，无疑是非常重要的。

事实上，从事什么工作并不重要，重要的是如何从事这项工作，对工作怀有何种态度。只有积极的、有创造性的、有责任感的态度，才能赋予工作以意义。而对有些人来说，工作已经成为填补他们空虚生活与无意义感的手段。若以这样的态度对待工作，那么每个周末来临时，无目的、无意义的生活状态就会袭上心头。然而，工作并不是发现生命意义的唯一途径，我们可以保持内心的自由，从困境中发掘出我们为战胜工作难题的存在意义。

2. 如何看待爱情？

弗兰克尔将两性之间的关系分为三个层次：生理的、心理的、精神的，这三者分别对应着性、情和爱。

在生活中，很多人只顾单恋带来的紧张，或不相信爱的存在，因而回避一切爱的机会，将两性关系降到较低层次。对于这些人，意义疗法采取的方法是：引导他们学会并乐于接受"九苦一甜的爱"，并让他们学会承担爱情带来的责任。

对于一直单身、没有找到对象的人来说，意义疗法的作用是让其明白爱情的本质不是索取，而是通过付出得到一种幸福的体验。

体验爱情的幸福才是爱情的意义所在。

对于失恋者来说，意义疗法的作用是让其懂得获得爱情不是占有对方，而是看着被爱的人幸福。让被爱的人幸福，获得他（她）想要的幸福，我们的爱才会不受束缚，才能自由飞翔，才会天长地久。

3. 如何看待生活苦难？

在苦难中，人们可以得到一个机会去实现最深的意义与最高的价值——态度的价值。因为正视命运所带来的痛苦本身就是一种进取，而且是人所具有的最高层次的精神进取。

苦难可以使人远离冷漠与无聊，使人变得更为积极，从而成长与成熟。当然，只有在痛苦是不可避免的时候，忍受痛苦才具有巨大的价值。

从某种意义上说，当发现一种受难的意义，如牺牲的意义时，受难就不再是受难了。否则，苦难就不能成其为苦难，忍受也没有什么意义。

最后，需要注意的是，我们不应该总去追问生命的意义是什么，而应当负起生命中的任务所赋予的责任。在完成这一使命的过程中，生命的意义将逐渐地呈现。

如果一个人只以快乐和幸福为目标时，就常会找不到快乐和幸福；而放弃这一狭隘目标，全身心投入生活时，快乐和幸福反而来了。

提升专注力也能平衡情绪

在生活中，我们是否常会因为一些小事而分心，很难集中注意力，即便暂时集中了也很容易在关键时刻走神呢？我们是否会在游玩时，常因想起工作中的某些事而焦虑或揪心呢？我们是否会在工作中提不起精神，不时地打哈欠、犯困，而到了该休息的时候又生龙活虎、精力充沛呢？我们是否因为工作任务繁多而乱了章法，眉毛胡子一把抓，到最终一项任务也未完成呢？这些都是注意力不够或者无法集中的表现。

要知道，无论在工作中，还是在生活中，良好的注意力是我们提升效率和提升生活质量的有力武器，它能让人事半功倍，更好地投入生活的每一个"当下"时光。

但是，在快节奏生活中，我们似乎已经忘了如何提升自己的专注力，而下面的冥想法则可以帮我们解决这一问题，使我们快速进入深层次的冥想状态。

1. 找一个舒服的姿势，让自己在放松的同时，也能够保持机敏。我们可以选择闭上眼睛，可以睁开眼睛，盯着半米外的某一物体。

2. 尝试着回想某个特别专注的人，想象如果他是自己会是什么感觉。这个人可以是我们熟悉的，也可以是我们了解的历史人物。感受冥想所带给我们身心的和谐将我们深深地包围，让我们沉浸其中，温柔地把我们的意识和大脑都拉向一个更加健康的方向。

3. 在五分钟内保持呼吸均匀，深切地体验我们的每一次呼吸，从开始到结束，都要细细去体验。想象自己的意识中有一个小小的守护天使，它紧紧地守护着自己的注意力，一旦我们开始走神就会立刻提醒。把自己的全部注意力都投入到每一次呼吸上面，尽力将其他的杂念统统排空，学着忘记一切，所有的一切都只剩下现在的每一次呼吸。

4. 现在我们的意识已经非常安静了。注意力已经被集中在一个特定的目标之上了，比如，可能是集中到了上嘴唇对呼吸的感觉上面。此时，我们要重点去体察你每一次呼吸的不同之处，这能让自己对呼吸本身更加专注。我们可以在某一些细节上面下功夫，比如可以深切地体会嘴唇不同地方的不同感受。

提升注意力，也是控制人认知意识的良好方法之一。心理学家指出，当我们把注意力集中于某件事情上时，意识就能听话地集中在那里，而当我们想让注意力转移到别的事物上时，意识也会听话地随心发生转移。当我们的注意力保持稳定时，我们的意识也会保持稳定，不会轻易被某些突然闯入自己感知其间的各种事物所牵引或者劫持，能稳稳地定住，不会动摇。也就是说，很多时候，人的注意力就像聚光灯一般，它照进我们意识的哪一块，哪一块的神经联结就会得到强化。

因此，强化我们对注意力的控制能力是优化和重塑大脑与意识的最佳方法。因为，人的意识得到强化，那么，人的情绪属于意识中的一部分，情绪也能得到最大的稳定与强化。从这个意义上讲，提升注意力也是平衡情绪的良方之一。

瑜伽冥想深度滋养身心

瑜伽冥想即指运用瑜伽的动作使身体关节放松及拉伸，让心情彻底放松，将注意力集中在某一特定对象上的冥想方法。它能使人内心保持平静，有利于消除紧张、怒气等负面情绪，能让人深度放松、调养身心，尤其是适合身心有问题的焦虑症、轻度忧伤状态、轻度强迫症、失眠等人士练习。

一位资深冥想教练指出，瑜伽冥想是冥想方法中极为重要的一项内容，它可以使人抛开种种物欲杂念，缓解压力，修复人体受损的细胞，而这点都是深度睡眠所无法达到的。也就是说，在所有的冥想方法中，没有一哪一项比得上瑜伽冥想的功效那么直接、久经时间考验或广为人们所使用。

瑜伽冥想练习极为简便易行，没有什么硬性的、严格的规定。

下面，我们介绍一下瑜伽冥想的基本方法，供大家随时随地练习。

1. 开始练习瑜伽冥想的时候，我们可以选择一个舒适的姿势，比如可以坐着、躺着，使全身放松。这时候，我们要放下一切的思绪，将全部的意念都集中在身体上，将自己的处境幻想成一个鸟语花香的地方，很美很美，使身心得到放松。

放松了身心，我们再幻想自己是飘在云中，什么烦恼和杂念都会消失，仿佛这个世界就只有一个人存在。

2. 选择一个让自己感觉舒服、放松的姿势来练习，如果可以的话，我们可以尝试运用跏趺坐，即互交二足，将右脚盘放于左脚上，左脚盘放于右腿上的坐姿。如果不能坚持这样的姿势，我们还可以选择半跏趺坐或简易坐，即左脚心贴在右大腿内侧，右脚脚心反方向贴在左小腿内侧，双腿尽量平铺在地上来练习。

以上各种坐姿，双手食指和大拇指尖要靠在一起，其余三指放松，但不弯曲，掌心尽量向上，放在膝盖上面。让背部、颈部和头部保持在一条直线上，背勿靠壁。面向北面或者东面。正确、稳定的坐姿是冥想成功的关键因素，因为不稳定的姿势会使思想、意识难以稳定。

3. 选好坐姿后，可以尝试先做五分钟的深呼吸，然后再让呼吸平稳下来，建立一个有节奏的呼吸结构，吸气三秒，然后呼气三秒。

4. 如果意识开始游离不定，就把它轻轻地引回来。既不要强行集中注意力，也不要让意识毫无控制地东游西游、散漫无归。安静下来之后，再让意识停留在一个固定的目标上面，可以在眉心或者心脏的位置。

5. 利用自己选择的冥想技巧进入冥想的状态。在冥想中，我们要清晰地体验模糊不清的情绪，包括积极正面的情绪和消极负面的情绪，仔细回顾负面情绪产生的全过程，在哪个环节上做出了不符合事实的判断，或者是回想快乐的时光、甜蜜的时刻。

6. 约15分钟的冥想后，要调整呼吸，通过丹田运气来调节，从而排出体内的浊气。这个时候，整个人就会处于昏昏欲睡的状态，全身心就会放松了，静静地享受这份难得的宁静和轻松。

通过以上的练习，我们可以深度地滋养心灵。

一名经常运用瑜伽冥想法来调节自我身心的练习者说，瑜伽冥想可以让人超脱物质的欲念，能让人在深度的安静中与万物进行沟通、交流，可以将人的心、意、灵完全专注于原始状态之中。可见，瑜伽冥想对身心的调节作用。

当然，在进行瑜伽冥想练习时，我们还可以注意以下几点：

1. 清晨和睡觉前是做冥想的最佳时段，其他时段只要我们有空闲都可以做，但尽量不要在冥想前吃东西，或者在饭后立即冥想，否则就会影响精神状态。

2. 选择一个专门的没有干扰的地方来练习，这样可以帮助我们找到安宁感，易于进入瑜伽冥想的状态。利用相同的时间和地点，会让精神更快地放松和平静下来。

3. 在冥想过程中，要保持身体的温暖，比如天凉时我们可以给身体围上毯子。

4. 如果我们利用一种冥想方式练习几次都感觉不舒服，那么我们可以放弃这种方式而选择另外的一种更适合自己的方式。

5. 练习瑜伽冥想要循序渐进，开始时应试着每天做一次冥想，以后可以增加到每天两次。冥想的时间应该由五分钟慢慢地增加到二十分钟或者更长，但不要强迫自己长时间地静坐。

6. 练习瑜伽冥想不能心急，不要期望在很短的时间内就达到预期的效果。

通过长时间的瑜伽练习，可以让我们认识到存在的意义，也让我们更深层地明白，我们追求的不再是结束或者忘却自我，而是明白人生有更长更远的目标，并能快乐积极地生活。

愿景冥想激发生命的正能量

愿景冥想是生活中另一种简单易行的冥想法。它是指借助人的想象力，在脑海中构建美好的愿景，以此来激发生命的能量，并实现内心的安详。当人们被教导通过想象放松的时候，人们多半会想象蓝天白云或者海滩，或者森林、草地，或者还有人会想象自己五年或十年后的样子，想象着自己出人头地的景象，这也是一种愿景冥想。

在生活中，我们经常做这样的冥想，会极大地增强自己的自信心，给予自己极大的力量，从而从根本上消除自卑、气馁、灰心等负面情绪。

一位心理学家指出，愿景是我们每个人可以觉察到的动力与激情的源泉。例如，若不是心中有个"温馨的家"的愿景，没有人会愿意背负着沉重的债务去贷款买房；如果心中不是有个"孩子一定会功成名就"的愿景，父母们大概都会选择去夏威夷度假而非节衣缩食为孩子积攒出国留学的学费。在某种意义上说，愿景是我们生活最重要的精神支柱。

一个人愿景的形成，并非是一朝一夕的事情，也不是随便就可以被否定的，是其多年生活经历所塑造的。因此，愿景本身便携带着大量正能量，能促使我们奋发、向上。所以，在人生困难的时刻，我们要启动这个力量，让愿景冥想来帮助我们的心灵过冬。

在做愿景冥想时，我们首先要弄清楚自己究竟要做什么样的冥想，要达到怎样的效果——这样设计之后的愿景冥想就会有效得多。比如，某人现在处于经济困难时期，而他只是一个普通的小职员，他心中一直期待自己能获得更多地位、财富。根据这样的渴望，他便可以设计五年或十年后的愿景。那个时候的他颇有名望，他尽可能去想象，让这个画面更清晰一些，甚至让里面的每个人都有清晰形象。当然，最为重要的还是他自己，还有他的家人、他的亲朋好友等。他可以随便地想象，尽量地避开任何会造成压力或困难的阻力，尽量想象正面而积极的场景。

当这种冥想结束后，或者冥想愿景设计好之后，我们便可以把这样一幅愿景收藏在内心的某个地方，那就是我们生活的目标。下一次冥想时，我们可以仍然这样冥想，或者做一些改动，这能让我们浑身都充满能量，对我们的人生起到极为积极的效果。

因此，如果我们因生活中的种种不顺而心情不爽时，我们可以运用愿景冥想来激发内在的能量，驱赶忧虑。

具体的，我们可以依以下的步骤来做：

1. 选择一个安静的地方躺下或者坐下，深呼吸以放松自己，然后清空意念，让心灵从现实的烦乱状态中抽离出来，向更深的地方去探索。

2. 请将注意力集中到愿景上，不管这个愿望是什么，都集中地想象它。一般来说，愿景是形象化的，而不会是抽象的。比如，一个美好的事业前景，一定是伴随着高大的写字楼、体面的职业装、装修豪华的办公桌椅，在员工面前挥洒自如地演讲……让这些形象尽可能地显现出来，它能令人陶醉其中。

这个时候，我们的心中可能会出现一个声音，这个声音往往来自我们的胸腔或者是腹腔某个部位的一种舒适感，这个声音会说："真难啊，我做不到！"这就是这个冥想练习所要解决的问题。

当这个声音出现时，我们要控制好注意力，别去搭理它，而是尽情地陶醉于愿望之中，要尽量让我们有身临其境的感觉，让我们完全沉浸在成功的喜悦之中，并牢牢地记住这个感觉，牢牢记住这种景象。

当我们回到现实中时，面对困难和挫折的时候，请深呼吸，然后仔细地回忆这个场景，这个感觉。我们的力量将会因此而被唤醒。也就是说，这个练习其实是两个部分。在冥想的时刻，要让愿景形象化和清晰化，并且深深记在我们大脑中，然后，回到现实中，能够随时拿出来激励自己。

当然，我们每次进行愿景冥想的时候，最好不少于 15 分钟，总之想象越丰富，越具体越好，这一方面能让我们焦虑的身心处于轻松、平和的状态，另一方面也能让我们在瞬间找回自信，驱走困厄。

想象冥想将积极能量吸引到身边来

一位心理学家指出，你现在所有的一切，都是过去心中所想的结果。也就是说，我们现在的生活境况是我们过去所想的结果。同样，我们现在的思想和感觉，会在将来的生活中体现出来。那么，现在我们所拥有的一切，其实不是我们现在拥有的，而是过去我们预先思考和行动的结果。

这告诉我们，人的想象有着巨大力量，它能让我们头脑中的种种愿望变成现实。据此，心理学家指出，想象的力量有时能超越意志的力量，用想象的方法来对付焦虑情绪所引起的心理压力，是极有效果的。

因此，当我们处于焦虑状态时，可以运用想象冥想法来驱赶焦虑。其主要特点是：通过在想象中对使自己感到紧张、焦虑的情景和事件的预演，加强自己的积极反应，抑制消极反应，从而当那天真实的情境出现时，也能控制好自己的心理和行为。

这种冥想方法，较适合于我们因为考试而带来的心理焦虑。其主要方法如下：

1. 进入放松的状态。我们先使身体完全松弛，使身体处于紧张的部位，要达到完全地放松。

2. 想象着自己正要进行一场考试。按照考试的程序，从精神饱满地进入考场开始，到进入座位、做好准备工作、监考人员宣布注意事项、发卷、领卷、做题等，默诵你复习好的内容纲要，记得的公式、定理、图解或者某一典型习题的解题思路等，要确保解题的正确性。只想象自己轻松解题的大致过程或遇到难题后经过一番思索终于将它解开的过程，也可以不涉及具体的试题。

3. 如果发现自己出现了紧张感，便开始停止想象，将注意力集中于呼吸，重新进行放松。当完全放松后，再次想象刚才的情景并体会轻松感。

4. 将上面的情景重复想象两次，而且保证不出现紧张感或者焦虑感。

5. 想象自己考试获得圆满成功的心花怒放、欢快激动的场面和心情，体会其中的成功感。

6. 注意力重新转向自己的呼吸并放松，然后结束想象训练。

需要注意的是，每次运用想象冥想祛除焦虑情绪的时间不宜过长，一般在 20～30 分钟。

晚上睡觉时，我们要用想象冥想去过滤一天所有让自己感到忧虑或烦心的事物，就要力求做到用令自己满意的方式，将白天那些烦心事重新预演或重新塑造——这也是调节和平衡自我情绪的有效方法，它能让我们的思绪总停在那些所希望出现的事情或事物之上，通过重复和调整而形成的内化的过程，然后在生活习惯中展现出来——这是调节负面情绪的良方。

另外，想象冥想法对于生活中那些缺乏信心的自卑者也较实用。如果我们因为内心的自卑而导致工作或事情进展得不顺利，我们便可以采用积极深化想象的方式，即在头脑中预演成功，将成功的目标、成功的情景以及在此之前应该做的事情都在脑海中预演一遍，以获得一些有益的启示、兴奋的体验以及积极的心态，这样有利于我们取得成功。比如，我们的目标是搞定一项工作，那么我们就应该经常地、有意识地想象一下自己完成那项工作应付出的努力，以及成功后的喜悦或者被上司表扬后的情景等，使自己处于一种成功的积极的精神状态中，从而十分有助于加快我们完成那项工作任务。

烛光冥想能祛除杂念放空心灵

烛光冥想属于"一点凝视法"练习中的一种。它能让人放下心中的杂念,感受当下的内在平静,还可以缓解心中的压力,使心灵更为平静,精神更为饱满,自信心得以增强等功效。同时,这种冥想法还可以使人精力集中到一点,能有效地保养眼睛并改善有缺陷的视力。

烛光冥想主要是通过用眼睛静守的方法,使人的精力集中于一点上,然后心中的忧虑思维在不自觉间被排空的冥想。人在凝视烛光的过程中,眼部的血液循环会加强,流出的眼泪可以排出眼中的杂质,它可以提升人的自信心,练就有神的双目,让你能坦然面对他人的注视,目光不会游离。

另外,人的眼睛在凝视烛光和在脑海中捕捉火焰和影像,可以使人逐渐进入冥想的状态,常练习可以使人解除压力,从而使心灵更为平静,精神更为饱满,自信心也得以增强。

练习后,我们眼睛的疲劳感也会明显地解除,视力得到加强,眼睛变得明亮而灵敏,它还可以有效地治疗眼部的疾病。

下面,我们向大家介绍一下烛光冥想的方法:

1. 准备一根蜡烛,并点燃它,使火苗的高度与眼睛处于一个水平的位置,身体距离蜡烛一臂半左右。视力较强者对烛光的刺激更敏感,因此要稍微远离烛光。如果单眼的度数高于400度,那么距离应该在两米左右。练习过程中，可以戴框架眼镜，但不能戴隐形眼镜。因为练习中很可能会流泪。

2. 静坐或者跪坐的姿势都可以，但不要弓腰驼背。如果选择盘坐姿势，要让膝盖低于髋关节，柔韧性差的人可以用垫子将臀部垫高，这可以能保证腰背部在练习过程中是伸直的。

眼部放松闭上眼睛，深深地吸气，缓缓地呼气，腰背挺直，全身放松。首先要将头转向左侧，视线落在右肩后方，再将头转向右侧，视线落在左肩后方；然后向上看，当我们的眼睛朝上看的时候，视线应该集中到鼻子上面，然后是下方，尽量让下颚抵住锁骨。注意动作要缓慢、均匀，然后再做五个深呼吸，可以闭上眼睛休息一会儿，感觉心是完全静止的状态。

3. 烛光冥想做完眼部放松动作之后，我们慢慢地睁开眼睛。睁开眼睛时，视线不要直接落在烛光上面，而是逐渐地从膝盖移到面前的地上，再抬高视线至烛台下方，最后移到烛光上去凝视。凝视时眼睛要放松，尽量不要眨眼睛，等感觉到眼泪要流下来的时候，缓慢地收回眼光闭上眼睛，将掌心弓起，使手掌成碗状扣在双眼上，停留5~7个呼吸，放松一下。然后，睁开眼睛直接凝视烛光，感觉眼睛发酸，眼泪要流下或已流下时闭上眼睛，双掌相合揉搓后扣在眼睛上，让眼睛稍作休息。这个时候如果我们够专注，眉心会出现蜡烛的火光，用意识将它牢牢地抓住，火光便会越来越小。当眉心的火光消失了，我们再睁开眼睛继续凝视烛光。如此这样反复几次，大概凝视烛光十分钟。

全身放松，让自己平静下来，全身处于放松的状态，然后再进行深呼吸，身体坐立起来，再吹灭蜡烛。

在进行烛光冥想时，我们要注意以下几点：

1. 在练习过程中，请注意千万别碰眼睛，此时眼睛是极为敏感的，让眼泪自然流出即可。

2. 在练习中，只要自己是舒服的，就不要以任何理由、任何方式去移动身体。

3. 在暗室中练习时应保证空气的流通，因为蜡烛在燃烧时要消耗室内的氧气，同时，其还会释放少量的铅，对人体是极有害的，所以要保持室内空气的流通。

4. 冥想最好在晚上进行，这样可以有效地改善你的睡眠质量。

5. 在练习过程中可能会有流泪或者眼睛酸胀的感觉，这是正常现象。如果感觉到难受精力无法集中的话，可以放弃而选择其他的冥想方法。

静坐冥想梳理思绪和谐身心

静坐是冥想最简单、最基础的方法，它是让心灵清除杂念，梳理思绪，从而达到身心的和谐。有研究指出，每天静坐一小时，可以有效地调节人的身心凌乱的状态，使人体从生理、心理和灵性上都有较大的改观。

具体表现为：

1. 生理上的好处。静坐能让身体处于全面性的休息，尤其是大脑。据研究，人即便是在睡觉的时候，其大脑也是处于活动状态。

而静坐则可以使大脑完全地放松下来。人在静坐时，人体的新陈代谢水平下降，心脏泵血量降低，心跳减慢，血压也随之下降，因此，人体在静坐时所有的器官都能得到有效的休息。人内在的焦虑感也随之而减少，从而影响到人体的内分泌，间接帮助降低胆固醇，减少了心血管疾病的发病率。有研究指出，静坐能使人的呼吸减少到每分钟4~6次，皮肤带电反应也减少70%，心跳次数也相应地减慢，从根本上降低人体肌肉的紧张程度。

研究已证明，在遇到愤怒或焦虑时，有长时间静坐经验的人比没有静坐经验者更容易使心跳减慢，情绪也更容易恢复平静。

在生活中，压力是在所难免的，但压力会让人体在血管中分泌乳酸盐和醇类物质。这类物质能较严重地损害人体的器官。而静坐则会明显地清除或减少此类的物质。

2. 从心理方面讲，静坐能提升自我自信，能有效地平衡和缓解情绪的波动。有研究指出，人在静坐过程中，其内心会慢慢地建立起一个美好的自我形象。这是因为静坐加强了脑部伽马波的活动，减少了抑郁、愤怒、自卑、恐惧等负面情绪的产生，逐渐地，"自己是富有生命力和魅力的人"这样一种自我形象就会在静坐者心中建立起来。

而这样的自我形象能使人的人格得到健全，能使人长时间地保持稳定情绪，富有激情，且处处受人欢迎，也更容易使人在外在世界中实现自我价值。

许多艺术家、创业者，都在用实践证明一件事：在静坐中得到灵感是令人惊喜的。无论是艺术品还是经营思路，在一个类似于自我催眠的静坐过程中得到灵光乍现，常常带给人的是无尽的欢喜。

3. 灵性上的好处。人作为万物之灵，是因为其有主体意识。而静坐则能使这一主体意识得到加强，使我们的意识更客观，更符合规律，因此经常有规律地练习静坐，将能获得大智慧。

在当下社会中，人人都在强调外在知识，殊不知，科技越是发达，社会越是进步，我们和自然的节律却会越来越远，每天坚持静坐一会儿，能够让我们活得更清醒，能够让我们明白自己究竟需要什么！人的智慧增长了，内心自然就强大了，就不会轻易为外界的事与物而被情绪控制。

当然，要练习静坐冥想，我们需要注意以下几个方面：

1. 冥想开始前要穿松软的衫裤，因为任何紧束的服饰都会令人在冥想时感到不舒服。

2. 静坐时我们可以运用自我暗示的方式令全身放松，每放松一个部位，便幻想着自己扔掉了心中的焦虑和不安——如此静坐几分钟后，便不容易感到压力与紧绷感。若能多加练习，一段时间之后，便可以使心灵经常处于平静的状态，思维也会更加清晰，分析能力也能得到极大的提高。

3. 坐的时候，可采用舒服的姿势，传统的姿势为席地盘腿而坐。假如我们感到不舒服，可以采用其他的舒服的姿势，比如仰卧、坐在自己的腿肚子上或直背椅子上面等。

4. 坐的时候，脊背一定要挺直，可以想象自己的头被一根绑在天花板上的绳子吊着。

5. 可采用鼻子呼吸，先让肺部充满空气，腹部和整个胸腔因而扩张，然后用鼻子或嘴巴缓缓地呼气，到接近呼完时就把腹肌收缩，将腹部所有气体都排空。

6. 在静坐时，可以闭眼，也可以选择一样东西注视，比如花、图案等，保持呼吸均匀。

正念冥想能激活肌体中蕴藏的"正能量"

杰克是美国一家铁路公司的调车员。他工作认真而负责，但有一个缺点，就是对自己的人生很悲观，经常以否定的眼光去看周围的世界。

有一天，下班后，其他同事都急急忙忙地回家了。不巧的是，杰克不小心被关在了一辆冰柜车里，任凭他如何努力，也无法把门打开。于是，他就在冰柜车中拼命敲打着、叫喊着。可是，因为除他之外，全公司的人都走完了，没有一个人来给他开门。杰克的手敲得红肿，喉咙喊得沙哑，也没有人理睬，最终只好绝望地坐在地上喘息。

他想：冰柜车中的温度如果在零下20℃以下，在里面待不了多久，便一定会被冻死的。于是，他愈想愈可怕。最终，他用发抖的手，找来纸和笔，写下了遗书。在遗书中，他这样写道：在这么冰冷的冰柜中，我一定会被冻死的，所以……

第二天，当公司的职员打开冰柜车厢时，发现了杰克的尸体。同事们感到万分奇怪和惊讶，因为冰柜的冷冻开关并没有启动，而这巨大冰柜中也有足够的氧气——在这种情况上，人不应该被冻死的。

最终的尸检报告显示，杰克并非是死于冰柜中的温度，而是死于他心中的"冰点"。因为他根本不敢相信这辆一向轻易不会停冻的冰柜车，这一天恰巧因为要维修而未启动制冷系统，颇具盛名的他，连试一试的念头都没有产生，而坚信自己一定会被冻死。

一个悲观的人，其"自我内在"是非常幼稚又虚弱的。这样的人极容易被"消极的暗示"所占领和统治。在某些特定因素的刺激下，他会认为自己不如别人，无法赶上别人，从而就进行自我否定，事事都自惭形秽，最终一败涂地。这种现象就是心理学中常说的"消极暗示效应"。

一般悲观的人总会自怨自艾而生出病来，严重的可能会最终导致死亡。与之相反的，就是积极心理暗示。

所谓的积极心理暗示，就是坚信自己一定能行，一定能够办好自己想做的事情，一定会顺利地完成任务，一定能够实现人生的目标，让人充满无限的自信！拥有这样的信念，我们就能跨越一切障碍、险境和困难，最终走向成功。

事实上，无论是消极的暗示，还是积极的暗示，都属于冥想法中的一种。那些积极的心理暗示，我们称之为正念冥想法，它是利用积极的暗示语来扫除和调节自我情绪的冥想法。正念冥想能改善人体的健康状况和幸福感。它能有效地激活肌体的正能量，从而驱赶压力、焦虑、绝望等负面情绪，能有效地增强神经内分泌系统和免疫系统的功能；减少药物治疗的需要；改变对疼痛的觉知；培养社交联系与丰富人际关系。

所以，在生活中，当感觉自己失去信心、垂头丧气、沮丧抑郁、对未来感到焦虑不安时，我们可以采用积极的心理暗示语来驱散内心的负面情绪。

例如，我们可以在早上刚睡醒的时候，利用几分钟时间，想想自己的暗示语。比如，近期的工作目标是什么，要解决好生活中的哪些难题，尤其是针对当天要做的事情，我们要进行一下暗示："我一定要办好某件事"、"我一定要解决好某个问题"、"我一定要完成某项工作"等。请记住，这种暗示要在起床前进行，不要等到起床洗完脸后才进行，因为洗过脸后，我们的显意识便开始复苏，暗示效果就会变得弱小。

正念冥想用处极多，范围极广，但是，在刚开始进行时，其效果往往并不明显——这也并不奇怪，人的心理调整不是一蹴而就的，要把原有的心理活动纳入自己所预期的轨道，是需要拥有较强的心理约束力，也是需要一定时间的。

所以，我们千万不要因为自我暗示的一时效果不明显，或者想暗示而暗示不了，就灰心丧气。正所谓"万事开头难"，自我暗示的效果是一个由小到大，逐渐增强的过程。我们刚开始运用它可以驱散消极情绪的困扰，而到一定时候，就会发现我们的个性开始变得积极、乐观起来。

当然，在运用正念冥想时，我们要牢记以下五大原则：

1. 简单。我们给自己制定的暗示语要简单有力。比如：我会越来越富有。

2. 积极。最好别出现消极的暗示语，比如"我不会再无能"，"无能"这个词是消极的，长时间地运用它，就会深深地印在你的潜意识中。因此，我们要正面地说："我会越来越优秀！"

3. 信念。暗示语中要有"可能性"。比如，我们觉得"我今年一定要赚到一百万元",这种暗示语因为离生活很"遥远"而很难起到激励作用。我们可以说:"我今年一定要赚到十万元。"

4. 预想。在默念暗示语时,在头脑中一定要显现预想生活的样子。比如,我们想让自己当上公司的高管,可以预想自己成为公司高管的样子——这样更能激发我们肌体中的正能量。

5. 情感。预想自己有健康的体魄,我们要有浑身是劲的感觉;预想自己升职加薪,我们要拥有升职加薪后的感受。也就是说,在我们默念积极的暗示语时,要将自己的情感注入进去,否则只是嘴中念叨是不会有结果的——我们的潜意识是依靠思想和感受的协调去运用的。

第七章
学会冥想，做自我情绪的主人

让浮躁的心灵静下来，恢复纯净和澄澈，找回真正的自我，获得身、心、灵的健康，在自我的"小宇宙"中创造想要的生活，就需要做自我情绪的主人，学会最简单最优雅的心灵放松法——冥想。因为冥想不仅可以平衡和调节情绪，还可以从根本上调适自我、平缓自我、关注内心、提高人生质量。

切断"自我"与"烦恼"之间的关系

在生活中,我们是否总因为别人的一句难听的话而烦恼?我们是否只愿意诉说而不愿意倾听,在别人打断你谈话的时候感到难以忍受?是否会因为自己的固执而与别人发生意见方面的冲突?……

事实上,这些情绪的产生主要在于太过执着于"我"。对此,我们可以尝试一下"忘我冥想法"。

在做这个冥想训练的时候,我们要尽力降低内心"我"的感觉。当我们真正地摆脱自我,与这个世界联系在一起时,我们就能更为平和地看待周围所发生的一切,不会欢悦,亦不会忧伤,也切断了"自我"与烦恼的联系。

对此,我们可以尝试这样的训练:

1. 学着去解读自己

我们对自我的情绪其实一直都是有喜好的、有要求的——希望快乐能永驻,烦恼、焦虑远离,最好永远别登门。高兴的时候,我们是如此喜欢与赞赏自己;痛苦、忧伤的时候,我们又是如此烦恼自己。我们从来没有无条件地理解过自己,又如何去奢望别人能理解呢?所以,我们看自己不好时,也会看别人不顺眼,冲突和焦虑便来了。要想内心恢复平静，就要学着运用冥想法去解读自己。我们可以尝试这样的练习：

我们找一个安静地方坐下，闭上眼睛，仅仅作为一个观察者，不带有任何评判，纯然地去观察自己的情绪和思维，让思维像放电影一样在脑海里流过，而我们一直像个局外人一样，只在那里看着它，感受它就行，没有好坏对错的评价，在里面待着，仔细看看痛苦具体是什么样的，痛苦时自己的身体有什么样的反应。我们哪儿最不舒服，就首先观察和感受身体的哪个部位，仔细体会这个不舒服（或疼痛）的感觉；沉静下去，细细地体会自己全身每一寸肌肤、每一个细胞的感觉。

坚持做下去，我们的灵魂就会相信，不管现在是怎样的状态，我们对自己的爱始终在那里，不多不少，不增不减。

2. 跳出自己的角色去观察对方

找个幽静的地方坐下，努力跳出自己所处的角色，我们是无任何身份的观察者，然后再试着去与人进行接触，就会发现不管是社会地位比自己高或者低的人，某种技能比自己好或者差的人，你和他都是平等的。当我们以旁观者的眼光去评判某件事的时候，就会发现对方身上有诸多自己以前从未察觉的好品质，这时我们的心情便能释然了。

以此类推，我们也可以对身边的亲戚朋友做这个练习。这样，我们的人际关系就会有一个良好的改善，也会不再因为与他人发生冲突而郁郁寡欢。

在片刻冥想中了解自己的心灵空间

我们内在的所有力量,包括情绪、意识等,都源于内在的心灵。乔布斯说过这样一句话,人与人的区别,关键的并非是素质不同、观念不同和地位不同,根本的一点在于心灵的力量不同。心灵的力量也是自我情绪的"推手",它可以将人送上喜悦的"高峰",也可以将人送入沮丧、焦虑的"低谷"。因此,我们要平衡和控制自我情绪,就要先了解自我的心灵空间。

了解自己的心灵空间,就需要明确自己的心中究竟装着什么人和事,有着怎样的社会关系,那些社会关系带给你的困扰是什么,同时,生活中哪些人和事是令你喜悦的,令你担忧和不安的。心理学家指出,人只有对自己的心灵有清醒的认识、足够的自信、坚定的信念,并不断地给自己加油鼓劲,我们的潜能才会被唤醒,冥想才能发挥应有的作用。

另外,了解自我的心灵空间,才能采用有效的冥想法,将忧虑、憎恶、不安、罪恶等负面情绪清除出去,使心灵重归空白,从而让身心达到平和的状态。事实上,刻意地清除负面情绪,让心灵重归空白的确能有效地为人们带来心安的感受。当人们将压抑在心头的烦恼吐露一空,或抛至脑后时,往往能体验到解脱的快感。能够把心中的烦闷向知心朋友倾吐的人,通常都是能够把握快乐的人。

当然,要祛除负面情绪,使心灵保持平和,就要坚持每日片刻的冥想。其大体原则为：在你每天24小时中，至少抽出15分钟作为个人沉默的时间。在这段时间中，我们不妨选择一个安静的地方，在那里或坐或卧，安静地享受个人的冥想，既不与人交谈，也不读写任何东西，尽量摒除思考，把心灵置于虚空的状态中。有时难免会产生思绪纷扰的状况，但只要我们努力尝试，终能使自己的心灵如同静止的水面一般波纹不起。此时，紧接着要做的就是"倾听"。在冥想时，我们听到的声音大多是和谐的、美丽的。

冥想过后，别以为我们就会这般懒散下去。无所事事的时刻一旦结束，我们便会全身振奋起来，觉得自己可面对任何挑战。前一刻的冥想，只不过是为了让身体自然地调节它的节奏，生机一旦恢复，我们的精神就会随即重振。

另外，除了沉默冥想外，我们还可以尝试以下的几种冥想法：

1. 从一天中抽出一点时间，尽力让自己忘掉要做的工作，让自己只做一些简单的工作，比如打扫房间、做饭、洗衣服和清扫灰尘。一旦房子清洁干净，东西也要各归其位，然后去洗个澡，再泡杯茶、品茶。在此之后，我们也可以读读文章或写信给好友，然后，再到院子里去散个步，并通过散步来练习和调整呼吸。

2. 在办公室里忙碌的同时，抽出一点时间来为自己泡杯茶。我们可以尝试以下的动作：缓慢地将茶叶放入杯中，用手握住茶壶的把手，提起茶壶，让水流慢慢地流入杯中，观察茶叶被水泡开的过程。在这个过程中，我们要关注自己的呼吸，用此来祛除因工作压力带给自己的烦恼和忧虑。

3. 每天抽出一点时间来听音乐。在此过程中，我们要深长、轻柔、平稳地调整呼吸，闭上眼睛，对音乐的旋律和情境保持知觉；不要迷失在音乐中，要持续地关注自己的呼吸和做自己思维的主人。

用行动冥想法释放压抑的心灵

被压抑的个性是我们生活中焦虑产生的根源之一。在现实社会里，个性受压抑的人有很多：有羞怯的、有腼腆的、有敌意的、有过度罪恶感的、有神经过敏的、有脾气暴躁的、有无法与人相处的等，各类人群都有。

心理学家认为，一个人的个性被压抑，往往会表现出木讷、畏缩等特点，这样的人不敢真正地表现自我——在特定环境中，他们总是拒绝表现自我、害怕成为自己，把真正的"自我"紧锁在内心深处——这样必然会使心灵能量被过度地消耗，身体也终日处于焦虑不安的状态，思维更是凌乱不堪。比如，一个容易害羞的人，陌生的环境会让他害怕、常觉得不适应、担忧、焦虑和神经过敏。

我们不妨冷静下来审视一下自己。如果发现自己有类似于面部抽搐、不必要的眨眼、颤抖、难以入眠等"紧张症状"，或者发现自己是一个畏缩不前、甘居下游的人，那么，说明我们的心灵受到的压抑太重，过于谨慎和"考虑"得太多，急需要心灵得到释放。

因为个性压抑而使心灵受到束缚的人很多，假如我们是因为受压抑而过得不幸和失败，那就学着运用冥想法来释放心灵，解除身心受抑制的状态，让生活中的自己不那么拘谨、不那么担忧、不那么过于认真，学会在思考之前讲话，戒除行动之前"过于仔细"地思考。

对此，我们也可以尝试以下行动冥想法：

1. 学会放松自己

试着找一个安静的环境，闭上双眼，尽力使自己放松。用类似于这样的话来忠告自己："别考虑得太多"、"想说什么就说什么，只要张开嘴巴说出来就行"、"不过多地考虑明天的事"……每天采用静默冥想法练习几分钟，坚持一段时间，我们自然就不会过于去思考问题了。

2. 养成大声讲话的习惯

大声地讲话也是一种自信的表现。生活中，我们可以有意地选定一些公众场合，尽量提高音量，但不必对别人大声喊叫或使用愤怒的语调，只要有意识地使声音比平时稍大一些就可以。在大声讲话时，我们要尽力祛除头脑中那些消极的意念，深长地、轻柔地调整呼吸，做自我的主人。事实上，大声讲话属于行为冥想法中的一种，它能释放内心的浊气，能调动人全部的潜能，包括那些受到阻碍和压抑的潜力。

3. 学着直接表露自我情感以及好恶

个性被压抑的人，通常都害怕去表露自我的情感，也害怕表露出好的情感。我们不敢勇敢地表达爱情，担心别人说我们自作多情；不敢表示友谊，怕被当作阿谀奉承；不敢称赞某人，怕人家把这当作虚伪的逢迎，或者怀疑我们别有用心。为此，在与人交往的时候，我们要尽力祛除这些消极的信息，不妨学着每天至少夸奖三个人,在夸奖对方的时候,尽力听从自己的内心,流露出真诚来。

4. 用全新眼光去审视自我

历史上诸多伟大的人物,比如牛顿、富兰克林、爱因斯坦、丘吉尔等,都是敢于探索陌生领域的先驱。事实上,他们与普通人没什么两样,唯一的区别只不过是他们敢于走常人不敢走的路罢了。我们只有勇于去探索那些陌生的领域,才有可能体验到人间的种种乐趣。人们只有用审视的眼光重新审视自我,才能打开心灵的窗户,进行那些自己一向认为力所不能及的活动;否则的话,只会以同样而固定的方式重复进行同样的活动。

5. 全然感受当下

放弃过去,对我们来说是一个极好的选择,因为,我们越是活在过去的阴影下,过去便会成为你的一种负担,就越会一次又一次地陷入过去的感觉中。我们的心灵世界也因此会产生一种吸引力,吸引那些我们过去喜欢的人,那么我们必然会在未来之中续写自己的过去,从而进入一种封闭循环的怪圈中。

在这种效应的影响下生活,我们会感觉如同一只在转轮中的仓鼠一般。为此,我们要摆脱这个怪圈,就要创造一个真正崭新的未来。这个未来不再是我们过去的延续,也摆脱了从前伤痛的包袱。

我们所需要运用的冥想方法就是:全然地感受当下,让自己的意念、行动都从现实出发,全然地融入当下的环境中,去表达自己要表达的,去享受自己能享受的。当下一次有人说"抱歉,让你久等"的时候,我们可以这样回答他:"没关系,我没等。我站在这儿自得其乐。"

自卑时，用想象冥想法重建自信

自卑是造成人焦虑的主要原因之一，比如社交焦虑、考前紧张以及因为多疑的个性而带来的诸多焦虑等，皆因为内心的自卑造成的。要远离焦虑，我们就要先消除内心的自卑情绪，重建自信。

心理学家指出，许多人之所以常陷入自卑中，皆是因为内心深处无法确立充满自信的"自我"，不能从"我"的立场自在地调度观念事实，是一种心态的内弱病症。为此，我们可以用想象冥想训练进行自我扩张，暂时切断内心与外界的联系，暂时洗净一切外在的标准和旧有自卑的心理痕迹，凝神一点，渐渐使全身心只有一个自信，甚至是目空一切的"我"。

明治年间，日本有一位武术高手，体格健壮，武艺精良，私下里的较量中曾经打败无数武术界高手。但是，每逢公开登台时，他却笨得连他的徒弟都可以将他击败。

这位高手很苦恼，便去向一位禅师请教。禅师对他说："你今晚就在庙中过夜吧！在睡前，你可以进行冥想训练。你要将自己想象成一波巨大的波涛，不是一个怯场的练武者，而是那横扫一切，能吞噬一切的巨浪。"

夜晚，这位武术高手便开始坐下来冥想，尝试将自己想成一波巨大的浪，扑面而来。起初，他的思绪如潮杂念纷纷；不久，他心中便有较为纯一的波浪涌动感，夜愈深而浪愈大，浪卷走了瓶中的花、佛堂中的佛像，甚至连房屋都被大浪吞噬……黎明前夕，只见海潮腾涌，庙宇也不见了。

天明之后，这位高手充满自信地站了起来。也就是从这一天起，他成为全日本战无不胜的武术高手。

诸多人的自卑拘谨，多源于对外界实际反馈的担忧，或是被与任务无关的纷纷思绪占据心潮。若能运用想象冥想法暂时切断与外界的联系，滤除杂念，清空心灵空间，自信必然会乘"隙"而入来扩展甚至占据空间，自信经扶持而渐渐强大后，人也就不会陷入自卑和羞怯了。

在生活中，类似于那位武术高手那样想象冥想训练的内容还有：海潮、大风、大火、高山、领袖等。要想摒除自己的一些不良个性或习惯，我们就要能运用一些积极的引导力量来进行。

确立充满自信的"自我"想象，有四个基本步骤：

1. 确定目标

选定自己想拥有的某样事物，努力为之工作或创造。那可能是任何一个层次上的一种职业、一幢房子、一种关系，或者自己身上的一种变化，无论是什么，我们要选择相当容易实现的目标。如此，我们便不用太费力地对付自己身上的否定性抵抗力，能更大程度地扩展成功的感觉。之后，当我们有了更多的练习时，就可以去处理更困难或更具挑战性的问题。

2. 创造一个清晰的念头或者图像

我们依照所需要的那样，创造一个事物或场景的念头或者内心的图像；要用现在时态完全依自己所希望的方式那样来想象，尽可能地使细节更完满，也许还希望得出一幅真实物质上的图像，比如绘一张图，尽可能地将所想到的全部细节都画下来，这样就可以满足我们现实的心理需求。

3. 经常集中精力去冥想它

经常使自己的念头或内心的图像浮上脑海，既可在安静的冥想时刻，也可在白天某个时刻。这样，它便会成为我们生活的一个组成部分，成为一个真实的存在，而我们也将更成功地将它投射出去。

在一个随意的时刻，我们清晰地集中冥想，别刻意去努力，投入太多的能量将会对我们的想象冥想造成阻碍而不是帮助。

4. 给予它积极的能量

当我们全神贯注于目的时，用一种积极的鼓励方式去想它，向自己做出强有力的积极的叙述——它存在着，它已经来临了，或正在来临——想象着我们正在接受或获得它。这些积极的陈述称为"肯定"。当我们进行肯定时，尝试着暂时中止我们可能会有的任何怀疑或不信任。继续这样的想象，直到我们达到目的为止，或再没有这样的愿望时。

当我们达到一个目的时，一定要有意识地承认那已经完成。常常地，我们获得了想象着的事物，却没有注意到我们已经成功了！因此，给自己一些赞叹，一定要感谢上苍，因为我们的愿望实现了。

用暗示冥想法来调控你的情绪

一位心理学家说:"我们的一生好比是一艘飘浮在海面上的小船,我们都在努力奋进,让自己生活得更美好,可是,有很多人都没有意识到,我们不仅是飘浮在海面上,更是飘浮在一艘巨大的洋流上,如果你意识不到这一点,即使你再努力,也可能会偏离方向。"这说的就是潜意识的作用——潜意识不仅能决定人生的航向,更能有效地调控和平衡人的情绪。

潜意识的作用已被人们所接受,比如,明天要参加一个会议,我们告诉自己明天早上要早点醒来,千万别迟到。第二天早上,闹钟还未响,我们便能醒来。而在此之前,我们向来是一觉睡到大天亮的。这就是"千万别迟到"这种念头在无意中起了暗示作用,然后通过自律神经系统来控制我们的睡眠,这种现象反复强化,便能建立一套条件反射,通过身体的反应自由地控制我们的睡眠和苏醒。这一过程也是冥想过程。

在生活中,它也可以用来调节和平衡人的情绪。

一位以写悲剧著称的作家曾经十分沮丧地对心理医生说:"我一生中所经历的每件事情都是一个悲剧。我失去了健康、财富、亲人和爱人。每一件事情一旦碰到我,就一定会出现这样或那样的问题。"

心理学家很耐心地对他说:"首先,你要将你的悲剧故事与生活彻底分离开来。在你心里，你该建立一个大前提，那就是你潜意识的无限智慧会引导、指导你，让你在精神和心智以及物质各个方面，都向着美好方向发展。然后，你积极的心态就会自动在你投资、健康等各个方面给予睿智指导，让你恢复心灵的平和与宁静。"

那位作家接纳了心理医生的建议，对自己的生活进行重新规划。每写完一个悲剧故事后，他都将"自我"从故事中抽离出来。然后，他会在本子中写道："潜意识会给我无穷的智慧，让我拥有完美、健康和富足的生活。正确行动的原则和潜意识的力量，将改变我的全部生活，我知道，我的大前提是置于生命的永恒真理之上的，而且我知道并且相信我的潜意识，会因为我的想法，给我带来十全十美的答案。"

之后，那位作家主动告诉心理医生："这种方法真的很奏效。那些话真的潜入到我的潜意识中去了，并让我的生活有了极大改变。"

如今，那位作家已经从焦虑和痛苦中解脱出来，拥有了令自己满意的健康、财富以及快乐生活，而这一切都是潜意识带给他的。

可见，暗示冥想法对情绪的调节和平衡作用也是潜意识的作用。在我们心情糟糕时，千万不要对自己说"生活太艰难、烦恼真多"等消极暗示语——那样我们就等于拒绝了潜意识对自我的调节作用，我们的心情也肯定会越来越糟糕。

心理学家指出，潜意识不会与你争辩，也会不反驳你，如果你将消极的想法传输给你的潜意识，你的潜意识便会根据这些想法产生相应的反应，而这样的结果就是在阻挡你自己走向更好的方向，你的生活也会变得更糟糕。如果你想实现自己的愿望，你就要向你的潜意识提出正确的要求，获得它的合作和帮助。潜意识有它自己的心智，但它会接纳你的想法和意念。

事实上，潜意识对人情绪起调控作用的过程，就是暗示冥想的过程。在生活中，当我们处于焦虑状态时，就要学着用这种方法来调控情绪。当然，我们运用这种方法，必须讲究放松技巧，依照命令放松身上的每块肌肉。这需要掌握以下步骤：

1. 放松右脚的脚趾尖，然后脚踝、膝盖、大腿、肠、心脏、肺、颈部，这一部分肌肉放松之后，换左脚。

2. 放松右手指尖，依次为手腕、手肘、肩部，所有的肌肉放松之后，换左手。

3. 然后是下巴、鼻子、耳朵、眼睛，也依照这个顺序放松。

这一放松练习在反复多次之后，就能自如进行，全部过程只需要 30 秒时间，随时随地都可以做，如上下班、饭前饭后、睡前睡后，都可以练习。

自我催眠冥想法让我们远离负面情绪

催眠法是诸多冥想方法中的一种。

从心理学角度讲，催眠者运用暗示或者暗语等手段让被催眠者的意识发生改变而进入一种催眠状态的技术，即当我们受某些连续、反复的刺激，尤其是语言的引导，使我们从平常的意识状态转移到另一种意识状态，而在这种状态下，会比平时状态更容易接受暗示，我们把这个过程称为催眠。它是有效调节和平衡负面情绪的良方。

从生理上讲，催眠能使我们的体温、血压降低，身体的节律放慢，从而使我们可以获得休息，聚集能量。

从心理方面讲，催眠冥想法还可以使我们暂时与压抑我们的困难、焦虑、痛苦等负面情绪分离，使我们有机会以新的态度和眼光来看待它，也使我们有机会走入我们自己的内心深处，去发掘我们自己的潜力。

催眠有五个基本的特征：放松、集中精力、静止不动、五官感觉器的高度警觉、眼睛快速运动。

催眠过程很简单，基本操作包括五个阶段，每个阶段的时间不长，每个阶段之间自然相连。

1. 准备阶段：此时的我们尽可能选择舒适的方式坐下或者躺下，尽可能排空大脑中繁杂的想法，不要思索任何事情。

2. 诱导阶段：在催眠师的暗示下，我们开始从清醒和警觉状态进入某种身心放松的状态，此时我们已处于似睡非睡的状态。

3. 加深阶段：在这期间，我们得到进一步的放松，然后完全进入催眠状态。此时我们的意识思维已经变得很微弱。

4. 目标阶段：在这段时间里，我们最后达到了所想要的催眠目标。比如，我们的目标是减轻心理压力，祛除内心的不安和焦虑感，此时的我们已经感到全身格外地放松，心情格外地愉悦。

5. 苏醒阶段：我们开始慢慢地回到清醒的状态，意识开始恢复正常。

很多人认为，催眠需要靠他人才能进入状态。其实不然，催眠是一种心理体验模式,它也完全可以靠自我来完成——这个过程称为自我催眠。

自我催眠冥想法是以个人的躯体为焦点,通过某些方式,比如想象、凝视或放松等方式转移人的注意力,并达到全神贯注和平息内心杂念的目的。这就如同大人用嘎嘎作响的玩具去分散一个正在哭闹婴儿的注意力一般,一旦那个婴儿把注意力转移到玩具上面,他不但会停止哭泣,还会笑。在进入催眠状态的精力高度集中那一刻开始,我们会感到世界正在发生变化,日新月异,你的焦虑、忧虑等正在消失,正敞开心扉去迎接新生活的到来。

下面,介绍一种简单易懂的自我催眠法,以有效地调节负面情绪。

三周速成自我催眠法:

1. 第一周

从现在开始,连续一周时间,每天晚上睡前平躺在床上,做深呼吸,直到我们的内心彻底平静下来。

在心中默念:"每一天在各个方面,我都会愈来愈好。"在默念时,我们想象着自己变得愈来愈好的样子。每说一次,好的情境就进一步变得逼真,每天重复十次。

继续进行深呼吸,想象自己变好的情景,然后慢慢入睡。

2. 第二周

保持上周的睡前自我催眠。靠坐在有靠背的椅子上,平视前方,进行深呼吸;缓缓地呼吸三次后,闭气三秒钟,闭上眼睛缓缓吐出气体,感觉到身体在放松。

脑子中尽可能什么也不想,持续2~3分钟;仿佛眼前有个大屏幕，上面的数字逐渐从 1 变为 25；保持这种状态直到自己希望醒来；默数 1、2、3，睁开眼睛，暗示自己感到头脑清楚，全身充满活力。

每天进行附加活动一两次。

3. 第三周

保持第一周的睡前自我催眠。找一张小卡片，将右脑开发的目的写在上面，如增强记忆力、改善人际关系的调控能力，或者祛除烦乱的生活状态、不被焦虑缠绕等。

进行如第二周的坐式催眠，但将平视的前方改为凝视这张小卡片，进入催眠状态中，在心中反复诵念小卡片上的标语。

依照第二周的方式醒来。

愉悦冥想使人有被"快乐"包围的感觉

我们是否会不由自主地感到难过或失落呢？正处于焦虑中的我们，是否很想摆脱负面情绪的困扰但仍深陷其中呢？我们是否力求去感知周围的美好事物，但是仍旧无法改善坏情绪呢？当现实中某件令人担忧的事情袭来时，我们是否会在焦虑的情绪中越陷越深呢？

如果有这些现象，那么我们需要尝试一下愉悦冥想法，即将消极情绪从头脑中清理出来，再注入快乐、愉悦的因素，将自己从焦虑的泥潭中拯救出来。

我们可以尝试做以下的练习：

1. 让自己的心灵静下来，尝试着从生活中寻找那些能令自己愉悦的事或物，尤其是要关注那些微小的事物，比如看看自己小时候的照片，发现自己可爱的一面，比如闻闻芒果的味道，比如回忆学生时代一段美好的记忆等。

2. 无论我们找到什么样的"乐事"，现在就马上闭上眼睛，努力去关注它、回味它，并向它敞开心灵，让它慢慢在心中融化开来，慢慢浸润自己的肌肤。

3. 尽量长时间保持这种沉浸在"乐事"中的美好状态，五秒钟、十秒钟、二十秒钟，一点一点地延长时间，集中注意力，别让你的思维跑到别的事物上面去。我们在"乐事"中回味的时间越长，对转移情绪的作用就越大，主导愉快情绪的神经启动得就越多，产生积极乐观型神经联结构就越多，最终，那些让我们不快乐的因素就会慢慢从记忆中消退，直到消失。

4. 让快乐的感觉充满我们的全身，并尽可能地让它变得强烈。比如，我们很喜欢某个食物的味道，那就闭上眼睛仔细地体味它的气息，尽可能地让其包围自己的全身，并体味其中美妙的感觉。

5. 对某个"快乐的时刻"进行更丰富的想象，从而让它的感觉更为强烈。比如，我们曾经被一个人很贴心地呵护，这时可以想象被他呵护的每一句话语，每一个场景，并尽可能详细些——这会加强身体快乐荷尔蒙的分泌，从而加深这种互相联系在一起的感觉。或者是在完成一个时限十分紧迫的工作任务后，通过回想这一路与困难做斗争后获得满满收获的成就感和喜悦感，尽可能地想象它，并将这种感觉扩散，体味其中的美好。

6. 我们可以尽可能地让身体吮吸这种美好感觉，那种愉快的经历带来的感觉深入潜意识深处，就好像水被细胞吸纳一般。然后，再努力地放松我们的身体，让这种美妙体验成为我们生命的一部分。

7. 最后，我们将经历的那种美妙的经历或体验转化为生命内在的动力，以此来驱赶不快、沮丧的情绪，然后我们将变得越来越快乐，对生活充满积极乐观的憧憬和希望。

第八章
利用冥想，做平衡情绪的高手

　　有时，我们的情绪会像脱缰的野马一样肆意狂奔，导致别人不快乐，自己也不开心。心理学家指出，冥想可以有效帮助人解决情绪失控的问题，帮助人抛开尘世的烦扰，让自己完全放松，在"自我世界"中彻悟生命的意义，感受善意和快乐，获得宁静平和的心态。

冥想就是管住负面情绪的"阀门"

在生活中,我们是否有这样的经历:明知道自己无理取闹,还是控制不住自己想要发飙的心情;明知道自己闹过火了,可还是无法停下来,控制不了自己的情绪……这种情绪失控场面是十分不利于身心健康和人际关系的。如果不希望伤己伤人,那就应找一个能够管住自己负面情绪的"阀门"。

冥想就是管住自己负面情绪的"阀门",它可以让人在瞬间控制愤怒,让人的思维从凌乱的状态回归到平静,再进一步回归理性,进而让人远离愤怒、焦虑、痛苦等。西方著名哲学家罗杰·沃尔什说:"人类一直以来有一个基本的注意力缺陷和情绪失控的问题,而冥想则成为了解决这一缺陷的最好的方法。"的确,冥想可以暂时切断人对外界痛苦的感受,同时也能让人在对人生和生命的体悟的过程中品味出人生、生活的真谛,并能使人达到一种平和、领悟、安详的状态,从而从根本上成为一个控制情绪的高手。

心理学家指出,人的大脑是可以被重新塑造的。我们每一次的人生经历都能对大脑进行重组,比如,小提琴家头脑的改变实际上是因为他们日趋完善的琴技。同样,通过集中注意力的训练,冥想者也可以有着超越常人的聚精会神的能力，拥有这样能力的人工作效率将随之提高，很可能成为叱咤职场的明星。同时，冥想也能让人从根本上成为一个情绪"自控者"，从而提升人的情商。可见，冥想对一个人情绪的控制与身心的调养作用之大。

如果我们常因为情绪失控而烦恼，想随时随地终结自己的坏情绪，那就学着去冥想吧！

以下的冥想训练，是能帮助我们终结坏情绪的最佳方法：

1. 双腿盘坐在垫子上，如果觉得那样不舒服，那么坐在椅子上或者平躺在床上都可以，然后尽力地放松身体，闭上眼睛或者半睁半闭。

2. 尽力使全身处于放松状态，保持不动，头脑保持清醒。

3. 做三次深呼吸，从鼻孔吸气和呼气。我们排空头脑中所有不好的意念，让自己的意识像呼吸一般弥漫全身，不要有其他任何的感觉；定下心来自然地呼吸，观察自己完整的呼气和吸气，看看是否会过长或过短，或深或浅，或快或慢；不要强迫自己进行有节奏的呼吸，让身体的感觉就像小睡一样，但要保持意识的清醒。

4. 形成无意识的思想。我们的注意力可能会因为外界的嘈杂声或不安静的环境而有所影响，当我们注意到这些情况时就会分心，那时就要及时调整你的注意力，将它放在呼吸上。做这一切的时候，切忌心烦意乱，当注意力被分散时也要保持快乐的心情，以利注意力回到呼吸上来。

5. 等心情保持快乐和平静后，再在头脑中搜索出非常生气的感觉，回忆起那次经历的点点滴滴；然后去分析它，想想自己生气的原因是什么；然后将自己从生气的那个"自我"中分离出来，以旁观者的眼光去审视那个生气的自己。

6. 如果我们继续观察这种情绪，会渐渐发现在自己的注视下它在慢慢地消失。

为心灵"排毒"，只需随时静下来冥想

很多人在一起打坐，教练给大家提出了这样一个问题："你有没有什么与众不同的地方？"大家对教练突然间的问话答不出来，只有默不作声。

又过了一会儿，有一个人回答说："我知道。"

教练问道："那是什么呢？"

那人答道："我觉得饿的时候就吃饭，困的时候就睡觉。"

这算什么与众不同的地方，每个人都是这样的，有什么区别呢？其他人都开始争先恐后地说。

那人继续答道："当然是不一样的！别人吃饭的时候总是想着别的事情，不专心吃饭，睡觉的时候也总是做噩梦，睡得不安稳。而我吃饭就是吃饭，什么也不想，睡觉的时候从不做噩梦，睡得安稳。这就是我与众不同的地方。"

那个人的一番话说出了一个极简单的道理：当一个人专注于某件事情时，忧愁和焦虑便难以来打扰。事实上，这便是冥想的真谛：专注于内在的"自我"，感受其中的美好，将自我与外界痛苦隔离。这也从另一方面告诉我们，生活中随时随地的静心便是一种冥想，

也是心灵的排毒工作。

其实，冥想本身，可以与放松、静心结合使用，也可以单独使用。如果把我们原始的生命能量比喻为马匹，我们就是骑手。要驾驭好一匹好马，骑手首先要做的是了解马，与马交朋友，最后才能够驾驭它，让它和自己一起自由驰骋。冥想也是同样的道理。

在缺乏训练和指导情况下，我们往往是最拙劣的骑手，不但不能驾驭好马，弄不好还会被马摔下来。此时，我们会感觉到内心有冲突，力不从心，会骂自己是笨蛋。

另外一种情况是，我们不仅不能指挥马，反而被马指挥，任由马载着自己四处乱窜，还自我安慰说这叫"顺其自然"。

冥想就好比我们首先让马安静下来，愿意听我们的指挥，接下来的冥想就是驯服马的工作。

积极有效的冥想，要求我们能够非常投入，非常高度地集中精力，忘我地去想象一个场景、一个物体或一个人。如果没有放松和静心的基础，我们的投入会很有限，注意力也很容易被分散，效果就大打折扣，反之，则会有神奇的功效。

内在的平静是我们生活的根基，是生命品质的升华。内心缺乏平静的人，很容易被事情和人所左右，犹如一片激流中的树叶，随波逐流漂浮不定。获得内在的平静后，我们就变成波涛中的礁石，任由惊涛骇浪，我自岿然不动，这是一种高境界的冥想。冥想就是如此简单，任何人在任何地方都可以操作训练。

所以，当我们被忙碌驱使的时候，当我们感到力不从心的时候，学着让自己的心静下来——抽出一小时，什么也不做。当然，前提是，我们一定要找个清静的地方，否则如果遇到了熟人，就不可避免地会像往常那样与对方漫无边际地聊起来。

也许刚开始的时候，我们会觉得心慌意乱，因为还有那么多事情等着我们去干，我们会想如果是工作的话，早就把明天的计划拟定好了，这样干坐着，分明就是在浪费时间。但是，我们必须要将这些念头从大脑中赶走，坚持下去，渐渐地我们就会发现，整个人都轻松多了。我们会体会到这一个小时的时间是如此惬意，然后再做起工作来，不再会像以前那么手忙脚乱了——我们可以很从容地去处理各种事务，不再有逼迫感。

当然，我们可以慢慢地逐渐地延长空闲的时间，每天两三个小时。一旦养成了习惯，我们的生活将得到很大改善，就会从那种时刻都紧张的情绪中解脱出来，使头脑得到彻底净化。

仁爱回归冥想，让爱与善重新浸入心灵

我们是否会因为忌妒他人而生出许多不快乐来？我们是否会因为无法体谅别人而恼怒不堪？我们是否发现自己已经无法再相信别人，内心总被猜疑所占据着？我们的内心是否充满了自私、记恨等让自己不快乐的因素？上班路上看着马路上一张张陌生且冷漠的面孔，我们是否难以感受到谦让、关怀和善意？如果有以上情绪体验，那么就说明我们内心的"仁爱"之意已被驱逐出去，这个时候我们可以尝试一下"仁爱回归冥想法"，它能将我们暂时缺失的"善良"找寻回来。这也是一种通过想象进行的训练方法。

通过这个冥想训练，我们能感受到全身心都被爱与善所包围，从而让善良、大度、乐于付出等美好品质回归心灵，成为激励人生上进的力量，同时，这种善意还会感染和影响到周围的人，让所有人都能沉浸在爱与美好的氛围中。

仁爱回归冥想法训练有下面几个步骤：

1. 找个安静的地方坐下，无论什么坐姿，只要感觉自己舒服就好，然后闭上双眼，做几次深呼吸，尽量让全身的肌肉都放松下来，呼吸一次要比一次深，每一次都尽力要比上一次吸进更多的空气。

2. 集中精力去体验自己的每一次呼吸，然后感受自己被人爱的感觉，这个人可能是我们的朋友、家人或者爱人等。尽力延长这种感觉，感受这份爱随着我们的呼吸进入自己的身体，感受这份爱在我们心中所滋生的美好，这时，这份爱已经变成我们内在的一份纯粹的爱了，并且它已成为我们生命的组成部分。

3. 尽力将这份爱在我们的周围进行扩展，让我们周围的人，可以是陌生人还可以是我们熟悉的人，尽力感受这份慷慨大方的仁爱带给他们的快乐和幸福的感觉。我们可以将这种仁爱幻化成一道光芒，或者一股暖流，或者一阵暖意，随着浪涛不断地向远方扩展，将越来越多的人包容进来。

4. 感受这种仁爱不断地向外扩张，甚至开始触及那些曾让你忌妒，甚至恨的人，这份仁爱之意有着自己的生命和力量，它能带给所有人快乐和幸福。这份仁爱能让我们清楚，这些人本质都是善的，只是因为其他的因素影响了他们，才使得这些人去找我们的麻烦，让我们痛苦、不快乐。或者是因为他们太优秀，才让我们生出了忌妒之心，他们本质上是仁爱的。

5. 继续扩大这份仁爱带给自己的满足与力量，让它无尽地向远处扩张，包容了我们周围所有陌生或熟悉的人，他们是如此快乐和幸福，无论我们是否同意或否认他们的观点或价值。

6. 随着呼吸去尽力地感受这份施予仁爱所带给我们的满足感和幸福感，并让它随着呼吸进入我们的体内，感受它慢慢地浸入我们身体的每一个细胞。尽可能地将这种感觉持续下去，一分钟、两分钟、五分钟、随即，再慢慢地睁开眼睛，我们就会发现自己周围充满了仁爱之光，它已幻化为一种支撑我们生命的力量，我们感受到周围的一切都是那么美好，所有的自私、冷漠、忌妒等负面情绪全都烟消云散。

定力冥想能安抚你烦躁不安的心绪

我们是否会默默抱怨，觉得处处充满不公，周围人的言行都让人看不顺眼？我们是否因为太过忙碌而觉得平时简单的工作都理不清思路去完成呢？我们是否因为他人的不安而感到不安，因为他人的不满而感到焦虑呢？

每个人都生活在忙碌中，身心难免会处于混乱、不安的状态，负面情绪也时不时会来扰乱我们，周围一点点的小事就有可能会引爆我们愤怒的神经。尽管我们告诉自己不能动怒，但结果还是被情绪所控制。

这个时候，我们需要运用定力冥想法来安抚自己烦躁不安的心灵。

1. 找一个安静的地方坐下，闭上眼睛，花几分钟做深呼吸，尽量使自己的身心放松，梳理一下自己凌乱不堪的思绪。随后，我们可以将注意力放在肚子上面、胸口，或者是嘴唇上面，感受它们随着呼吸一起一伏的状态。

2. 集中注意力，眼前尽力展开这样一幅图景：蓝蓝的天空、白色的云朵、碧绿的草地、带着香甜气味的空气，我们屹立于其中，风徐徐地吹来，周围的一切都是如此安静。我们仔细体会此时内心的自在、轻松和安宁，平静地感受其中的美好，就会让意识变得越来越稳定，越来越安详，越来越冷静。

3. 在轻松和愉悦中，我们慢慢地开始静观自己以往所经历的情感色彩，无论是愉快的，还是不愉快的，都要带着一种不偏不倚的心态，去体验心头升起的各种想法和感受。

4. 将我们周围熟悉的人也"推"入自己的世界中来，想象他们会怎么说，并倾听他们的看法，但别让这种想法影响我们当下的意念。

5. 在倾听、体会、思考的时候，我们注意各种想法和感受附带的情感色彩，看它们是愉快的，还是不愉快的。

把自己当成一个旁观者，体会它们来来去去、变来变去，它们和真正的幸福感没有任何联系。别认同它们，也别和它们混在一起。事实上，人们需要使用它们，但没人需要拥有它们。

6. 在轻松中体会这些感觉，任它们来来去去，别做任何的反应。体会自己正渐渐与它们脱离，渐渐地，它们似乎已与自己再无干系。

7. 在一呼一吸间，自由自在地体验，不断地进入更深的层次，尽最大可能去体验那种自由、满足和宁静的极致。

8. 此时，我们可以睁开眼睛，将自己眼睛所看到的全都装入"宁静"之中，无论看到什么，都不带任何偏好地将其装入自己的意识空间中，无论这是愉悦的也好，不快的也罢，中性的也好，不做任何的反应。

9. 冥想结束后，可以试着伸一下腰身，活动一下筋骨，体验一下刚才的感受，并不带任何的偏好，无论那种感觉是快乐的、不快的，都不要去评价。

在接下来的时间中，我们便可以感受到这个冥想训练带来的平静和安详，头脑中凌乱的思维开始回归理性，也可以很淡然地对待周围的人与事。

你正心冥想，就可以体验内心强大的感觉

在生活中，我们是否常会因为他人不当的言行而生闷气呢？我们是否会因为不良的人际关系而对自我情商产生怀疑呢？我们是否会因为偶尔的一次犯错而对自己的能力产生怀疑呢？我们是否常觉得自己处于弱势地位而否定自我呢？我们是否总感到自卑，是否觉得周围的人都不怎么能看得起自己呢？……

每个人都或多或少的有过这些体验。事实上，这些体验都是内心不够强大的表现。对此，我们可以尝试运用正心冥想法，即在自我的世界中摆正心态，理性地看待周围的一切，体验内心强大的感觉，从而将自己心中的种种郁闷情绪驱赶出去。

我们可以来体验这样的冥想过程：

1. 找个不易被打扰的地方静坐，当然，依自己的喜好，也可以选择站着。深呼吸一下，将注意力集中到自己身上，关注每一个经过自己意识空间的想法。无论想法是积极的还是消极的，都要始终集中注意力去体验意识深处那种强大的感受。

2. 感受我们身体中的活力，深切地体会每一次呼吸所带给自己强大的感觉，感受我们的肌肉乃至身体中的每一个细胞，体会那种可以向任何方向移动的感觉、自由的感觉，体会自己身体中那种动物性强大的感觉。

3. 回想自己曾经不为周围一切所困扰的平静时刻，将那种平静幻想为一种力量，想象将这种力量重新注入自我的意念中，让它随着我们的呼吸纳入自己的身体中，慢慢地浸入到全身的每个细胞中。慢慢地想象，我们全身都充满了能量，这种强大的力量随着自己的心脏一起跳动。我们感受到的一切都非常愉悦，然后继续向这种感觉敞开自己，感觉自己强大、清晰而且充满决心。这个时候只要愿意，我们还可以回想一些其他能感到自己强大的时刻。

4. 继续体验这种被强大力注入的感觉，同时集中我们的意识去回忆那些曾经给予自己鼓励、支持的人。想象这个人的面孔、声音，以及他给我们鼓励或赞扬时的情景。感受当时那种被鼓励、支持和肯定的美好感觉，并让这种强大的感觉慢慢地包围我们。

5. 这时，如果有其他的感觉从我们的意识中冒出来，也不打紧，哪怕是我们沮丧的感觉，比如被否定、被讽刺等，这时也不要刻意去回避和驱赶，而应该让它在那里，看着它冒出来，看着它离开，然后再把注意力集中到强大的感觉上面。

6. 沉浸在内心强大的感觉中，并想象自己正在接受一场挑战。比如有人在背后中伤，上司提出批评和否定我们。让那种内心强大的感觉固化在我们的身体中，想象在这个困难的局面下四周空空荡荡。想象着局面会变得如何糟糕，无论它如何演化，我们都不为所动，始终保持内心强大和精神集中的状态。这种强大只是单纯的强大，并不是要我们去抓什么或者和什么斗争。我们意识中所有负面的情绪、能量都如同飘过天空的白云一般，始终保持这种空灵、放松和安逸的状态。

7. 真切地体会这种强大的感觉，想它在呼吸、在身体和意识中，让它充满全身，想象着自己变成了一个无坚不摧的精灵，世上任何事与物都不值得我们难过、伤心、沮丧。

8. 在日常生活中，我们可以随时将注意力保持在这种强大的感觉中，那么，无论在现实中遇到怎样的人与事，都无法伤及我们了。

步行冥想让你迈出的每一步都成为愉快体验

步行冥想就是在步行之中冥想。在行走中，步行冥想能让人体验到：行走不是为了达到某个终点，而是一次触及世间万物和心灵交流的机会。通过步行中的一呼一吸，让人体会到灵魂和思想统一成惯性的正面力量——这种力量可以有效地化解我们波动的情绪，比如愤怒、焦虑等。

接下来，我们就可以做下面的步行冥想训练：

1. 到一个可以来回走动的幽静的地方，让我们的步伐舒缓下来，保持缓慢行走的步调，让双唇带着微笑。就这样走下去，轻松之情洋溢在我们的身心之中。此刻，脚步就是尘世之中我们最真挚、最信赖的朋友。所有的伤心和忧虑将慢慢逝去，宁静和快乐会充斥在你心中。任何人都能够做到，每天只需要用一点点的时间，集中一些精力，并且带着一颗渴望快乐的心。

2. 在行走时，将我们的注意力转移到呼吸上，别刻意考虑要去哪里，通过这项训练要达到怎样的目的。要时刻记住：我们的目的就是我们的脚下，要去的地方也在脚下。慢慢地感受微风吹来的感觉，感觉内心的平和、快乐、爱和超脱。

3. 接下来，开始专注于步伐上面：脚是如何快乐地接触地面的，抬腿时腿是如何发力的，哪里的肌肉在用力，再次落脚是如何蹬地的，脚掌是如何用力的。慢慢地用心体会行走的每一个过程，并且爱上它。

4. 如果在室内行走时，可以脱掉鞋子。这样我们双腿接触地面时，便能真切地感受大地的存在，与大地的交流变得如此强烈。以这种交流方式行走得越久，我们的内心也会越轻柔和自在。慢慢地，我们的步伐也会随着内心的轻柔而变得柔和起来，感受每双脚亲吻地面或大地的感觉，来自大地的坚实力量将充实我们的身体和内心，从而得到抚慰。

5. 在步行冥想时，为了不受周围的嘈杂声干扰，我们可以计算自己的脚步次数，或默念一些话语来提升自己的专注力。

6. 请让大地、周围的树木、鸟儿、阳光，以及一起步行冥想的朋友帮助我们放弃内心的挣扎、不安和焦虑情绪，迈出平和与充满爱意的步伐。我们将发现，空气、树木、鸟儿、花儿一直就在那里，为了我们而呼吸，为了我们而生长，为了我们而鸣叫，为了我们而绽放。每次我们用心走出一步，都是回归大地母亲怀抱的一步，都能在此时此刻让自己拥有甜蜜的家的感觉。

需要注意的是，刚开始练习步行冥想的时候，我们可能会感觉到身体失衡，就像一个婴儿在蹒跚学步一般，跟从自己的呼吸，将心绪固定在脚步之中，很快就能找到内心的平静。

园艺冥想是在"拈花惹草"中抚慰心灵

由于工作和生活的忙碌，很多人都会面临一系列身心问题，比如疲惫、焦虑、易怒等。这时候，园艺冥想是一种较为理想的解决方案。

所谓的园艺冥想，是指让人们在园艺中感受花草和自然带给身心的愉悦感，暂时转移人的注意力，让人在"拈花惹草"中真切地体会轻松与愉快。

早在1699年，一位叫李那托·麦加的人就在《英国庭园》中对园艺冥想的效果记述道："在闲暇时，您不妨在庭院中挖挖坑，静坐一会儿，拔拔草，这会使您永葆身心健康，这样的好方法除此之外别无他途。"

在实际生活中，当遭受负面情绪袭击时，我们不妨可以采用此方式来化解不良情绪。

慧娟是一家公司的人力资源主管。每天，她都要处理很多事务。有时候，面对员工的不理解和埋怨，她也觉得很委屈。不过，自从她开始在办公室里放置几盆盆栽以后，她的情绪就好多了。对此，她是这样说的："当工作中情绪出现波动时，在条件允许的情况下，我会试着先将工作放在一旁，花几分钟时间打理我的盆栽，给它们剪剪枝、浇浇水等。看着这些生机盎然的植物，我的心情也会好很多。"

另外，自从慧娟在办公室里摆放盆栽以后，她闲暇时间每去一个公园，都会有新的发现。比如，一种很漂亮的花、一种很新颖的布局等。她会暂时沉浸在一种喜悦中，工作中的烦恼也就不知不觉地忘却了，让她的身心得到了短暂的放松。

研究显示，人们在产生急躁心理的时候，抬眼看看繁茂的嫩叶，往往会产生一种视觉效应，心中的烦闷也就消失了。

现在，不少职场人士也越来越钟情于在自己的办公领域内养一些花花草草，用以调节心情。

什么样的植物最适合在办公室内养殖呢？

1. 绿色植物

绿色能缓解人的情绪，同时也使办公室内的空气变得清爽。在办公室里，适合摆放的绿色植物有吊兰、芦荟等。

2. 注意植物的摆放

植物的摆放也应精心安排，水养植物与高茎植物相互搭配，红花与绿叶组合，吊饰和干花的搭配——这会令我们的办公室更加典雅、美丽。

除此之外，园艺冥想还有以下几方面的功效：

1. 消除不安心理与急躁情绪

据报道，在可以看见花草树木的场所劳动，不仅可以减轻劳动强度，还可以使园艺者产生满足感。

2. 抑制冲动

在自然环境中进行整地、挖坑、搬运花木、种植培土以及浇水施肥，在消耗体力的同时，还可抑制冲动，久而久之有利于形成良好的性格。

3. 培养创作激情

盆栽花木、花坛制作以及庭园花卉种植等各种园艺活动，是把具有自然美的植物材料按照自己的想象进行布置处理，使其成为艺术品。这种活动可以激发创作激情。

园艺冥想法广泛存在于日常生活中，我们早已习惯利用自然中的植物改善心境，如看望病人时，来调节病人的心情；工作一天后，疲惫的眼神中突然出现美丽的花朵会让心情变得美好；自己从种子开始种植的植物，从发芽到开花结果的视觉和触觉效果上的感动等，这些都是我们五官不经意间感受到的可以改善心境的园艺冥想法。

让旅行变成一次绝妙的"动态冥想"

长期在都市中两点一线式地工作会让我们的生活变得枯燥不堪，长久地蜗居也会使我们的视野和心胸变得越来越狭窄。久而久之，我们的心情也会因为生活刻板而变得郁闷烦躁。这个时候，我们就要去进行一次旅行，并在此过程中用心体悟各种各样的美好事物，将旅行变成一场绝妙的"动态冥想"，彻底释放内心的压抑情绪。

的确，旅行能愉悦身心，开阔人的眼界，使人的心胸变得宽阔——这都是冥想所要达到的目的。因此，当我们感觉生活疲惫、枯燥时，不妨进行一次旅行。

小珊是一家房地产公司的置业顾问。一直以来，她的销售业绩都很好，但同时她也觉得自己压力很大。

以前，她都是自己给自己鼓劲。可随着任务额逐步提高，小珊也有点受不了了。有朋友建议她利用假期外出旅游一趟，让自己放松放松。

她听从了好友的建议，约上同伴，一起去了北方某地的一个古城。在温暖阳光的照耀下，小珊的心情变得很美好，而且古城的历史文化也深深地吸引她。

旅行回来后，她发现自己不仅视野开阔了，身上的压力也得到了缓解——她又以积极的姿态投入到了工作中。

因此，当我们感到疲劳时，不妨像小珊一样，选择旅行，在旅行中给自己的心灵放个假。

旅游本身就带有诸多令人放松、愉快的要素，是非常不错的休闲选择。但是，不同类型的旅游有不同的目的，有的为观光，有的为学习，有的为社交，不一定都能起到减压作用，有时甚至反而可能会升压。

那么，如何才能让旅游变成一场"动态的冥想"训练呢？我们需要做到以下几点：

1. 旅行中学会放慢生活的节奏

现代人的生活节奏都太快了,"快"让人心烦气躁。所以,旅行如果想要放松,就一定要"慢"下来。毕竟"赶鸭子式"的旅行不仅不可能让人放松,回来以后还会让人觉得更累。

一位事业很成功的女士,她说自己去过三次巴厘岛,第一次玩得很快,到处看了风景,回家后感觉很累;后面两次才能称得上放松旅行,并在巴厘岛找了一个喜欢的地方住了一个星期,抛开工作中的各种琐事,让自己暂时融入当地人的生活中——这样才称得上是让自己的身心真正放松。

2. 确保在旅行中不受工作干扰

旅行是一个难得的放松机会,最好在此时学会"活在当下",把意念集中在身体和情绪的感觉上。

丹丹大学毕业后找工作不顺,心情很郁闷。后来,身边的朋友劝她去旅游散散心,重树信心。

对此,从选择行程上,丹丹选择了比较放松的线路,让自己有一个放松的心境。她说:"我要让自己完全放松。有些人眼睛看到风光,心里却想着烦恼的事,这样的旅行,完全达不到减压的目的,反而会让身体更加疲劳。我要给自己创造一个不受打扰的自由空间,关掉手机,关注体会。在自然的空间里释放自己、感受自己,可以让我的头脑清醒,身体就像重新充过电一样。"

3. 吸收自然能量,唤醒心灵的愉悦

旅行分很多种,有浪漫的、神奇的、惊险的等,不论是哪一种,我们都离不开大自然的怀抱。要知道,自然界是充满生命能量的,如美丽的风景会让我们赏心悦目;历史文化让我们大开眼界、增长知识等。这些都给了我们正面的、积极向上的力量，能让我们呼吸畅通，让我们更有活力。

事实上，人生就像一场旅行。虽说旅途布满荆棘和坎坷，但沿途也有许多美丽的风景。因此，我们在朝着目标努力的时候，也不要忘记偶尔停下来，感受一下美妙的风景，给自己的心灵放个假，找回原来的平静、激情与信心，然后轻装上阵。